中国PFOS优先行业削减与淘汰项目
红火蚁防治子项目培训手册

红火蚁防控手册

HONGHUOYI FANGKONG SHOUCE

—— 冯晓东　孙阳昭　陆永跃　主编 ——

U0380880

中国农业出版社
北　京

红火蚁防控手册
编委会

主　　编：冯晓东　孙阳昭　陆永跃

副 主 编：王晓亮　姜　晨　郑　哲　王昊杨

　　　　　李潇楠　秦　萌

编写人员：冯晓东　孙阳昭　陆永跃　王晓亮

　　　　　姜　晨　郑　哲　王昊杨　李潇楠

　　　　　秦　萌　朱　莉　姜　培　刘　慧

　　　　　赵守歧　郭晓关　江兆春　陈剑山

　　　　　孔丽萍　谭道朝　温锦君

支持项目：中国PFOS优先行业削减与淘汰项目红火

　　　　　蚁防治子项目

前　言

红火蚁原产于南美洲巴拉那河流域，因对农业生产、生态系统和人类健康等具有重大危害而世界闻名。伴随着国际贸易交流发展，红火蚁已从南美洲原分布地区入侵北美洲、大洋洲和亚洲等地。

我国于2004年在广东吴川首次发现红火蚁，农业部会同国家质量监督检验检疫总局随即将红火蚁列入《全国农业植物检疫性有害生物名单》《中华人民共和国进境植物检疫性有害生物名录》，制定并启动了红火蚁防控应急预案，指导地方各级政府组织开展防控阻截，有关科研单位加快基础和应用技术研究。十几年来，建立了较为完善的红火蚁监测体系、信息报告与疫情处置机制，明确了红火蚁发生分布范围，探索出了检疫控制和综合治理技术及实施模式。

目前，我国防治红火蚁化学药剂的有效成分有7种，其中一种含有全氟辛基磺酸及其盐类（PFOS）。在农用化学污染物中，PFOS持久性极强，很难降解，具有致癌性。该物质进入农业生态系统后会严重破坏生态环境，影响人类健康。2009年PFOS被列入《斯德哥尔摩公约》受控清单，2014年环境保护部和农业部等12部委发布文件要求，5年豁免期到期前，也就是2019年3月25日前，确保PFOS在特定豁免用途全部淘汰。

为推进我国PFOS产品削减与淘汰工作，生态环境部环境保护对外合作中心联合农业农村部全国农业技术推广服务中心向全球环境基金申请了中国PFOS优先行业削减与淘汰项目红火蚁防治子项目。该项目的核心任务就是要确保农业行业按期完成PFOS淘汰任务，并且要使用更科学的方法、更高效的药剂，努力遏制红火蚁扩散危害势头、减轻危害程度，切实保护农业生态环境安全。

本书搜集整理了红火蚁的形态和危害特征、发生动态、防控农药管理和使用、持久性有机污染物等相关知识，简要介绍了PFOS红火蚁防治子项目内容和防控技术方案，可用于普及红火蚁防控知识，也可作为PFOS红火蚁防治子项目培训手册。

由于编者水平有限，本书不足之处在所难免，请读者批评指正。

编　者

2018年12月

目　录

第一章
红火蚁及其危害

　　红火蚁原产于南美洲巴拉那河流域，现今世界分布范围显著扩大。作为社会性昆虫，红火蚁营群体生活，具食性杂、习性凶猛、繁殖迅速、数量巨大等生物学优势。红火蚁因对农业生产、生态系统和人类健康等具有重大危害而世界闻名。本章重点介绍红火蚁的生物学特性、生活习性、危害情况及发生预测。

　　红火蚁（*Solenopsis invicta* Buren）属于膜翅目（Hymenoptera）蚁科（Formicidae）切叶蚁亚科（Myrmicinae）火蚁属（*Solenopsis*）。原分布于南美洲巴拉那河流域阿根廷、玻利维亚、巴西、巴拉圭、秘鲁、乌拉圭等国，现已扩张至中美洲和加勒比海地区安圭拉岛、安提瓜和巴布达岛、巴哈马群岛、维尔京群岛（英）、开曼群岛、哥斯达黎加、蒙特塞拉特、巴拿马、波多黎各、圣基茨和尼维斯、圣马丁（荷）、特立尼达和多巴哥、特克斯和凯科斯群岛（英）、维尔京群岛（美）；北美洲美国南部19个州和地区、墨西哥；大洋洲澳大利亚、新西兰；亚洲中国、马来西亚、新加坡、韩国、日本、印度等24个国家和地区。

一、生物学特性

（一）形态特征

红火蚁生活史有卵、幼虫、蛹和成虫4个阶段（图1-1）。

1. **卵** 卵乳白色，椭球形，长、宽分别为0.23～0.30毫米、0.15～0.24毫米。

2. **幼虫** 幼虫共4龄，均为乳白色，发育为小型工蚁的四龄幼虫体长1.6～2.7毫米；发育为中型工蚁、大型工蚁和有性生殖蚁的四龄幼虫体长分别可达3.2～3.8毫米、4.1～4.7毫米、5.2～6.0毫米。一至二龄体表较光滑，三至四龄体表披有短毛，四龄上颚骨化较深，略呈褐色。

卵

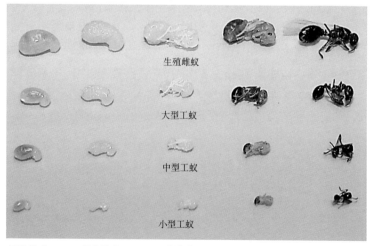

生殖雌蚁

大型工蚁

中型工蚁

小型工蚁

四龄幼虫　　老熟幼虫　　蛹初期　　老熟蛹　　成虫

图1-1　红火蚁各阶段形态

（卵为陆永跃摄；其他图片来自Bastiaan M.Drees,Texas A&M University）

3.蛹　蛹为裸蛹，初为乳白色，后逐渐变为黄褐色至更深，雄蚁蛹最后变为黑色，生殖雌蚁蛹和工蚁蛹变为棕褐色或红褐色。

4.成虫　成虫分为工蚁、生殖雌蚁、雄蚁。工蚁为无生殖能力的雌蚁，一般分为小型工蚁、中型工蚁和大型工蚁，同一蚁群中工蚁体型大小呈连续性变化（图1-2）。

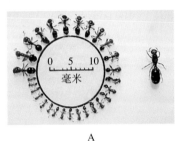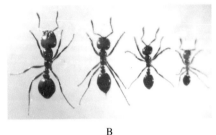

A

B

图1-2　工蚁大小连续性

(A引自Sanford D.Porter；B为陆永跃摄)

(1) **小型工蚁**。体长2.5～4.0毫米。头、胸、触角和各足均为棕红色，腹部棕褐色，腹节间色略淡，腹部第二、三节背面中央具有近圆形的淡色斑纹。头部略呈方形，复眼细小，由数十个小眼组成，黑色，位于头部两侧上方。触角共10节，柄节第一节最长，但不达头顶，鞭节端部两节膨大呈棒状。额下方连接的唇基明显，两侧各有齿1个，唇基内缘中央具三角形小齿1个，齿基部上方着生刚毛1根。上唇退化。上颚发达，内缘有数个小齿。前胸背板前端隆起，前、中胸背板的节间缝不明显，中、后胸背板的节间缝则明显。胸腹连接处有2个腹柄结节，第一结节呈扁锥状，第二结节呈圆锥状。腹部卵圆形，可见4节，腹部末端有螯刺伸出。

（2）**中型工蚁**。体长4.1～6.0毫米。形态特征基本与小型工蚁一致。

（3）**大型工蚁（也称兵蚁）**。体长6.0～7.0毫米，形态与小型工蚁相似，体色橘红色，腹部背板呈深褐色。上颚发达，黑褐色。体表略有光泽。

（4）**雄蚁**。体长7.0～8.0毫米，体色黑色，着生翅2对，头部细小，触角呈丝状，胸部发达，前胸背板显著隆起。

（5）**生殖雌蚁**。生殖雌蚁体长8.0～10.0毫米，头和胸部棕褐色，腹部黑褐色，着生翅2对，头部细小，触角呈膝状，胸部发达，前胸背板亦显著隆起。雌蚁婚飞交配后落地，翅脱落结巢成为蚁后。蚁后（图1-3）的体型（特别是腹部）可随寿命的增长而不断增大。

图1-3　红火蚁蚁后
（陆永跃摄）

（二）蚁巢特征

成熟蚁巢是用土壤堆成的高10～30厘米、直径30～50厘米的蚁丘，内部结构呈蜂窝状，有时为平铺的蜂窝状。新形成的蚁巢在4～9个月后出现明显的小土丘。新建的蚁丘表面土壤颗粒细碎、均匀。随着蚁巢内蚁群数量不断增加，露出地面的蚁丘不断增大。红火蚁蚁巢受到干扰时，工蚁会迅速出巢攻击入侵者。在野外，蚁巢的特点（图1-4）和是否有主动攻击入侵者的行为，可以作为迅速判断是否为红火蚁的方法。

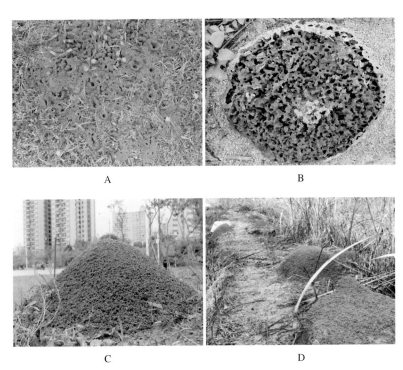

A　　　　　　　　　　B

C　　　　　　　　　　D

图1-4　红火蚁蚁巢
A.蚁巢形成初期　B.成熟蚁巢内部　C.成熟蚁巢外部　D.田间密集的蚁巢
（陆永跃摄）

二、生活习性

（一）繁殖与发育

红火蚁生活史（图1-5）包括卵、幼虫、蛹和成虫4个阶段，从产卵到发育为成虫一般历期4～6周。红火蚁营两性生

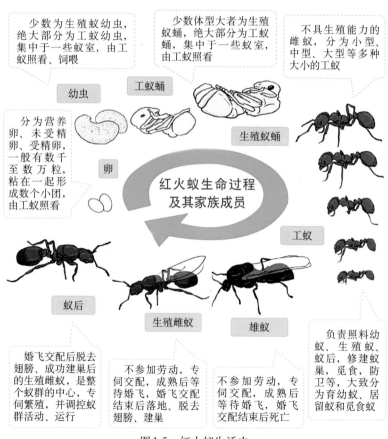

少数为生殖蚁幼虫，绝大部分为工蚁幼虫，集中于一些蚁室，由工蚁照看、饲喂

少数体型大者为生殖蚁蛹，绝大部分为工蚁蛹，集中于一些蚁室，由工蚁照看

不具生殖能力的雌蚁，分为小型、中型、大型等多种大小的工蚁

幼虫　工蚁蛹

分为营养卵、未受精卵、受精卵，一般有数千至数万粒，粘在一起形成数个小团，由工蚁照看

卵　生殖蚁蛹

红火蚁生命过程及其家族成员

工蚁

蚁后

生殖雌蚁　雄蚁

负责照料幼蚁、生殖蚁、蚁后，修建蚁巢，觅食，防卫等，大致分为育幼蚁、居留蚁和觅食蚁

婚飞交配后脱去翅膀、成功建巢后的生殖雌蚁，是整个蚁群的中心，专伺繁殖，并调控蚁群活动、运行

不参加劳动，专伺交配，成熟后等待婚飞，婚飞交配结束后落地、脱去翅膀、建巢

不参加劳动，专伺交配，成熟后等待婚飞，婚飞交配结束后死亡

图1-5　红火蚁生活史
（引自陆永跃，2017）

殖，雌、雄生殖蚁通过婚飞进行交配（图1-6）。在天气和环境条件适宜时，一般是在雨后晴朗温暖的中午，成熟蚁巢中的生殖蚁出巢（图1-7），飞到90～300米的空中交配。交配不久后雄蚁死去，大部分雌蚁飞行数百米，少数可飞行1～5千米，如有风力助飞则交配后的雌蚁可扩散更远，最远距离达16千米。降落地面后，脱去翅膀，寻找合适的地点，建筑新巢。这些地点一般在岩石或树叶下、沟缝或石缝中、人行道、公路或街道边沿处等。蚁后在土中挖掘通道和小室，并密封开口。89%新建立的蚁群处于原蚁群区域的下风向。

　　建立新巢后受精的蚁后在交配后24小时内产下10～15粒卵，这批卵8～14天孵化。第一批卵孵化后，蚁后将再产下75～125粒卵。蚁后终生产卵。一般幼虫历期7～15天，多为10天左右。工蚁蛹历期8～13天，平均11天；雌生殖蚁蛹历期12～16天，平均14天；雄蚁蛹11～15天，平均13天。

　　第一批工蚁个体较小，负责挖掘蚁道，修建蚁巢，寻找食物（图1-8），饲喂蚁后和新生幼虫。第一批工蚁羽化后一个月内，体型较大的工蚁出现了，地下蚁巢的规模也逐渐扩大。建巢6个月后，蚁群中工蚁数量增大到几千头，地面上出现可见的小蚁丘。

A　　　　　B　　　　　C　　　　　D

图1-6　红火蚁婚飞
A.有翅雄蚁　B.有翅雌蚁　C.婚飞雄蚁　D.婚飞雌蚁
（陆永跃摄）

图1-7　红火蚁蚁巢表面的婚飞孔道
（陆永跃摄）

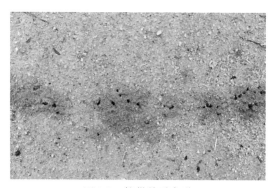

图1-8　蚁巢外觅食道
（陆永跃摄）

　　红火蚁的寿命与个体类型有关，一般小型工蚁寿命30～60天，中型工蚁寿命60～90天，大型工蚁寿命90～180天；蚁后寿命2～7年，大部分是5～7年。当环境条件适宜、食物充足时蚁后产卵量可达到最大，每头蚁后每天可产卵数百到上千粒。一般蚁群工蚁数量为8万～10万头，成熟蚁群可达20万～50万头。

（二）社会体系

红火蚁是真社会性的昆虫，蚁群（图1-9）中除了蚁后、雌雄有翅生殖蚁外，无生殖能力的雌性个体（工蚁）和幼期虫体（卵、幼虫和蛹）（图1-10）占绝大多数。红火蚁有单蚁后型和多蚁后型两种社会型（图1-11）。单蚁后型蚁群工蚁攻击性较强，不同蚁群间工蚁争斗激烈，会杀死婚飞后落地的生殖蚁或其他蚁群蚁后；多蚁后型蚁群则易接纳拥有多蚁后型基因的婚飞后生殖蚁，而杀死拥有单蚁后型基因的婚飞后生殖蚁。

单蚁后型蚁群为只有一头蚁后的蚁群，由交配的生殖雌蚁通过飞行而扩散建立。因为单蚁后型蚁群领地防卫行为强，巢间距离较大，所以，与多蚁后型蚁群相比，其蚁巢密度明显降低，一般为20～100个/公顷，多者达200个/公顷。多蚁后蚁群中有两头至数百头具有繁殖能力的蚁后，蚁群是由婚飞后生殖雌蚁聚群、融入原蚁群或者由原蚁群分巢、迁移而建立的。这种形式的扩散速度相对较慢。多蚁后型蚁群领

图1-9　红火蚁蚁群
（陆永跃摄）

图1-10　红火蚁幼虫期虫体（白色个体为幼虫和蛹）
（陆永跃摄）

地防卫行为弱，巢间距离较小，所以蚁巢密度较大，一般为400 ~ 600个/公顷，甚至超过1 000个/公顷，是单蚁后型蚁群的5 ~ 6倍。

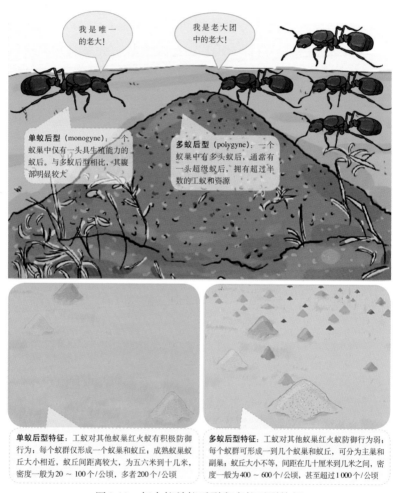

图1-11　红火蚁单蚁后型和多蚁后型特征
(引自陆永跃，2017)

（三）活动温度

红火蚁耐受最低温度为3.6℃，最高温度为40.7℃。气温11 ～ 42℃时工蚁外出地表觅食，20 ～ 36℃时觅食活跃，最适宜气温为22 ～ 32℃。地表温度13 ～ 51℃时工蚁出现觅食，13℃以上时开始觅食，达19℃时不间断觅食，21 ～ 39℃时觅食活跃，高于44℃觅食活动减弱，最适宜地表温度为24 ～ 35℃。适于工蚁觅食的土壤温度（表层下5厘米）范围为13 ～ 46℃，其中，22 ～ 36℃时觅食活跃。因此，通常凉爽季节白天尤其是中午，或者炎热季节早晨、傍晚和夜间，工蚁觅食活动较积极。低温比高温对红火蚁的活动、生育等影响更大。春天周平均土壤温度（表层下5厘米）升高到10℃以上，红火蚁开始产卵；20℃和22.5℃以上，工蚁和繁殖蚁出现化蛹和羽化；24℃及以上时，繁殖蚁可发生婚飞（婚飞的基本条件是气温24 ～ 32℃、空气相对湿度80%）。

（四）取食行为

红火蚁为杂食性昆虫，可取食植物的范围很宽。可取食昆虫和其他节肢动物、无脊椎动物、脊椎动物和腐肉等。红火蚁群体生存、发展需要大量糖分，因此，工蚁常取食植物汁液、花蜜或在植物上"放牧"产蜜露昆虫——蚜虫、介壳虫。红火蚁幼虫在四龄以前只吃液体食物，进入四龄后能够消化固体食物。工蚁把大小合适的固体食物颗粒放在四龄幼虫的前腹部靠近嘴前的位置。四龄幼虫取食食物颗粒，并分泌消化酶进行分解，形成食物液体，再反刍给工蚁。工蚁运送高龄幼虫的食物消化液，饲喂蚁后、生殖蚁、低龄幼虫，并与其他工蚁分享。工蚁不直接取食固体食物，以固体食物饲喂高龄幼虫，幼虫消化成液体，再由工蚁获取，饲喂蚁后、生殖蚁和低龄幼虫等，并与其他工蚁分享的这种行为被称为"交哺"。蚁后靠取食消化过的蛋白质等营养来维持生存和产卵的需要，只要食物充足，蚁后就能够保持其强大的产卵能力。

一个蚁巢工蚁活动、觅食所覆盖的区域称为蚁巢领域。蚁巢领域一般以蚁巢为中心，形状不规则，大小与蚁群规模相关，其半径从几米到十几米、几十米不等。工蚁主要在蚁丘周围地面以下挖出辐射状通道，并从这些通道外出活动、觅食。这种觅食道覆盖了大部分蚁巢领域，沿通道每隔几厘米至十几厘米会有一个通向地面的开口。一个大型蚁巢的觅食道甚至可以延伸至几十米远（图1-12）。环境条件适宜时，在这些觅食道里及附近地面上总有工蚁在四处活动。因此，在蚁巢领域内无论任何地方有食物，工蚁总能快速发现，并召集到相应数量的工蚁。

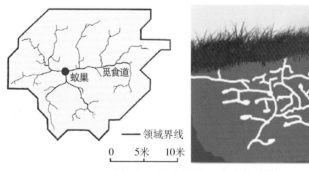

图1-12　红火蚁觅食道示意（仿）

（五）传播途径

红火蚁的传播扩散方式包括自然扩散和人为传播。自然扩散主要是婚飞或随水流动扩散（图1-13），也可由于分巢、搬巢而作短距离移动，其中生殖蚁交配、婚飞是自然扩散的主要方式。红火蚁没有特定的婚飞时期（交配期），成熟蚁巢全年都会产生生殖蚁，当条件合适时就可能发生婚飞。在华南地区红火蚁婚飞大部分（70%～80%）发生在4～6月，然后是秋季（9～10月），夏季和冬季发生较少。其他地区因气候条件不同，婚飞发生时间也不同。通过系统调查，明确婚飞规律，对指导科学防控有很重要的意义。

图1-13　红火蚁随水流传播
（陆永跃摄）

洪水也可促进红火蚁迁移。洪水暴发时，由于水面上升，淹没了岸边及附近的蚁巢，红火蚁就会形成一团蚁群，浮在水面上随水流漂移，可以存活数周。当水位下落或漂流到岸边时，蚁群就会上岸，建立新的蚁巢。一般来说，随着水流扩散的速度每年在几千米到十几千米，所以，红火蚁在河流沿岸发生区会扩散得较快。

　　红火蚁人为传播（图1-14）指的是随着园艺植物、草皮、废土、堆肥、园艺农耕机具设备、空货柜、车辆等运输工具进行长距离传播。我国海关曾从17类进口物品（废纸、废塑料、废旧电脑、废旧机械、苗木、原木、树皮、木质包装、

图1-14　红火蚁传播途径
（引自陆永跃，2017）

集装箱、椰糠、鱼粉、豆粕、水果、腰果、玛瑙石、鲜花、花旗参等）上截获红火蚁，其中以废纸、废塑料、废旧电脑、废旧机械等为主。带土植物（种苗、花卉、草坪等）的运输对红火蚁传播、扩散十分有利，我国红火蚁长距离传播85%以上是随着带土植物运输的。长途运输废土、垃圾废品、堆肥、栽培介质等也会显著增加红火蚁传播风险和提高传播速度。在美国，甚至有红火蚁侵入养蜂箱而随放蜂活动进行长距离传播的例子。

三、危害情况

红火蚁习性凶猛、竞争力强，在新入侵地易形成较高密度的种群，被世界自然保护联盟（IUCN）列为100种具有破坏力的入侵生物之一，也被称为"生态杀手"。红火蚁可在多方面造成危害，还会影响人们的健康和生活质量，对农业、牲畜、野生动植物和自然生态系统造成严重影响，它还损坏公共设施如变压器等，造成通信、医疗和害虫控制上的损失。

（一）危害人体健康

红火蚁对人体健康危害很大（图1-15）。当蚁巢受到干扰时，工蚁迅速出巢，并开始攻击，以上颚钳住动物皮肤，以腹末螫针连续螫刺，并释放毒液。红火蚁毒液包括水溶性蛋白、蚁酸、生物碱等。被螫刺后会产生灼伤般疼痛感，随后出现水泡并化脓，如水泡或脓包破掉，不注意清洁时易引起细菌感染。大多数人被螫刺后仅会感觉到疼痛、不舒服，而少数人由于对毒液中的毒蛋白过敏，会严重过敏甚至休克、死亡。1998年美国南卡罗来纳州有33 000人因红火蚁蜇刺而就医，其中，660人出现过敏性休克，2人死亡。美国每年约有1 400万人被红火蚁蜇刺，医疗费用每年约790万美元。据估计，我国被红火蚁蜇刺的人数已累计超过60万人，其中，在互联网上报道的严重病例超过100个，以广东、广西、福建等省份居多。广州市城乡接合部的一家医院年收治因红火蚁蜇刺致严重过敏病例近300个，广州市某村70%以上的村民被红火蚁蜇刺过。

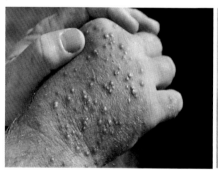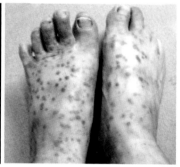

图1-15　红火蚁蜇刺人体症状

　　防范红火蚁，避免被蜇刺。第一，不要在红火蚁发生区长时间活动、停留，不要碰触红火蚁蚁巢、蚁道和外出觅食活动的工蚁。第二，在红火蚁发生区劳作时要做好充分防护，戴手套、穿长筒雨靴，并在上面涂抹滑石粉等。第三，正确处理蜇刺伤害。如果不慎被蜇刺，注意保持清洁，避免抓挠，可涂抹清凉油、类固醇药膏缓解和恢复；如出现较大面积红斑或皮疹等，可在医生指导下口服抗组胺药剂等；多个部位被蜇伤或全身出现如脸部燥红、荨麻疹、脸部与眼部肿胀、说话模糊、胸痛、呼吸困难、心跳加速等症状，应立即就医。

（二）影响农业生产

红火蚁是杂食性昆虫，可危害50多种农作物，可取食农作物种子（图1-16）、嫩茎、幼芽根系、果实等，喜好取食节肢动物、环节动物、软体动物、爬行动物、小型哺乳动物及鸟类等（图1-17）。据调查，红火蚁对14种植物种子刮啃率、搬运率、丢弃率在40%以上，导致部分种子萌发率低于50%，发生区玉米、绿豆种子萌发率分别降低了14%和7.4%。

部分地区因红火蚁入侵、暴发，严重影响农事操作，造成了农田丢荒。例如，广东省惠州市已有上千亩*农田因发生红火蚁而抛荒。红火蚁还可对家禽、家畜造成危害，增加疾病发生，降低生产效率。例如，广州市增城区朱村镇几个养猪场周围布满了红火蚁蚁巢，一般有数十个到上百个，圈舍里红火蚁工蚁到处活动，25%以上的仔猪和10%以上的育肥猪身上因被工蚁蜇刺而布满伤痕，影响其正常生长发育。

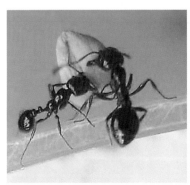

图1-16 红火蚁取食农作物种子
（黄俊摄）

图1-17 红火蚁取食昆虫
（陆永跃摄）

---

* 亩为非法定计量单位，1亩≈667米^2。——编者注

（三）破坏公共安全

因电磁场对红火蚁具有引聚作用，所以，红火蚁喜欢把蚁巢筑在电器设备附近，野外的电表、电话总机箱、交通机电设备箱、机场跑道指示灯、空调等均是红火蚁喜好筑巢的地点（图1-18）。红火蚁聚集于电箱中，常造成电线短路或设施故障，对公共安全造成影响。据估计，在美国红火蚁破坏建筑和电器所造成的损失每年达1 120万美元。在广东吴川大山江街道一户果农家中，红火蚁钻入2个电箱中活动、筑巢，导致电箱因短路被烧坏；广州越秀区二沙岛绿地4个路灯和1个配电箱因红火蚁钻入活动、筑巢，导致3个路灯和配电箱短路损坏。

图1-18　红火蚁破坏电器
(引自陆永跃，2017)

（四）危害生态系统

在生态系统中红火蚁具有显著竞争优势，可大量捕食节肢动物等其他动物，造成生境内生物多样性急剧下降，甚至导致一些物种灭绝。红火蚁入侵美国后，大大降低了当地蚂蚁的丰富度和多样性，严重的地区当地种群仅剩原来的30%。被红火蚁取食的无脊椎动物种类很多，在红火蚁入侵地节肢动物物种丰富度下降到原来的40%。红火蚁还可对入侵地脊椎动物的多样性和丰富度造成明显负面影响。红火蚁入侵中国南方后，已经对多类生态系统中植物、节肢动物结构和功能造成了负面影响，如华南地区草坪、绿地等被入侵环境中，当地蚂蚁种类减少了80%以上。

四、发生预测

红火蚁适生性强，应用Climex和GARP模型对红火蚁在中国的适生性研究结果显示，中国南起海南、北到河北、东起东部沿海、西到西北内陆，共25个省（自治区、直辖市）面临红火蚁入侵的可能。截至2018年12月31日，红火蚁已在中国12个省（自治区、直辖市）387个县（市、区）发生，意味着疫情传播源头比初入侵中国时已有大量增加。对红火蚁扩散趋势的预测结果显示，如果没有切实有效的检疫措施，红火蚁会在今后一段时间内（20年或者30年内）快速扩散，入侵区域将以每年30多个县（市、区）增加，呈现出由普遍发生区向周围逐步扩大和不断进行较远距离跳跃性入侵相结合的扩散方式。

第二章
中国红火蚁监测防控情况

自2004年在广东吴川发现红火蚁，我国随即将红火蚁作为检疫性有害生物进行管理。经过十多年的努力，我国建立了较为完善的红火蚁监测体系，基本明确了红火蚁的发生分布范围，初步遏制了红火蚁快速蔓延危害态势。本章重点介绍我国开展的红火蚁监测防控情况。

一、高度重视，加强组织管理

（一）明确红火蚁疫情

2004年广东吴川首次发现红火蚁，经过各级植物检疫机构专项调查，逐步查明红火蚁的疫情发生情况，并逐级上报农业部。2005年1月17日，农业部发布第453号公告，公布广东吴川等地发现红火蚁疫情，并将红火蚁列入《中华人民共和国进境植物检疫性有害生物名录》和《全国农业植物检疫性有害生物名单》。2005年5月8日，农业部发布第499号公告，公布了湖南和广西等其他红火蚁发生地区，并向商务部、卫生部、国家发展和改革委员会、财政部、科技部、建设部、铁道部、交通部、国家质量监督检验检疫总局、国家林业局、国家环境保护总局、国家民航总局、国家旅游局、中国科学院和中国农业科学院等单位通报了最新红火蚁疫情发生和防控情况。2005年11月22日，农业部发布第574号公告，公布在福建龙岩新发现红火蚁疫情。2006年，在农业部全国农业技术推广服务中心（以下简称全国农技中心）组织的全国专项普查基础上，农业部发布了包括红火蚁在内的全国农业植物检疫性有害生物发生分布行政区名录。2009年以后，每年依据全国疫情监测调查数据，发布上一年度包括红火蚁在内的全国农业植物检疫性有害生物的分布行政区名录，明确红火蚁在全国的发生分布情况。

（二）制定红火蚁防控方案

自2004年发现红火蚁以来，全国农技中心多次派出调查组、专家工作组，赴疫情发生地调查核实疫情发生情况，并与当地有关部门因地制宜地研究疫情调查监测、应急防控和实施封锁等工作方案。2005年1月，制定并下发《红火蚁疫情防控应急预案》，规定由农业部成立防控指挥部和咨询机构，要求各地制定适用于本地区的红火蚁疫情防控应急预案，发生区各级政府部门要按照预案要求启动相应级别的应急响应，开展红火蚁相关防控工作。2006年，全国农技中心制定《红火蚁疫情调查方案》，要求各省（自治区、直辖市）按照方案进行调查。为进一步推动红火蚁疫情根除和宣传培训工作，农业部发布了《全国红火蚁疫情根除规划》（2005—2013年）和《红火蚁疫情防控工作宣传培训计划》，要求各地按照规划要求，结合当地实际认真落实各项措施。

（三）开展红火蚁疫情监测工作

全国农技中心积极指导各地做好疫情监测工作。全国农技中心组织编写《红火蚁检疫手册》，明确红火蚁发生的高风险地区和高风险物品，划定监测点范围，逐渐连成线、形成面，建成省、市、县三级监测网络。同时，在监测中发现疑似红火蚁，马上组织鉴定，一旦确认，立即逐级上报，形成了责任明确、运转高效的疫情报告制度。2006年，广东、广西、福建和湖南4个省份共设立1 870个监测点，对发生区和高风险地区进行重点调查监测。2007年，农业部发布了《重大植物疫情阻截带建设方案》，决定启动重大植物疫情阻截带建设，在沿海、沿边各省（自治区、直辖市）布置了3 000个监测点。为进一步提高监测工作的科学性和规范性，全国农技中心于2008年组织制定了《红火蚁疫情监测规程》，各地按照规程要求采取定点与不定点相结合的方式，监测红火蚁发生情况，及时掌握发生动态。2016年，为适应新形势下的红火蚁疫情监测工作，全国农技中心在原沿边、沿海阻截带3 000个疫情监测点的基础上，下发《全国农业技术推广服务中心关于报送农业植物检疫性有害生物疫情阻截防控监测点的通知》（农技植保函〔2016〕496号）和《全国农业技术推广服务中心关于加强全国植物疫情监测点工作的通知》（农技植保函〔2017〕187号），在全国重新布局，设立了5 000个全国植物疫情监测点，建成了覆盖沿边、沿海和内陆疫情重点发生区、发生区周边阻截缓冲区、重要制繁种基地、交通枢纽及沿线、农产品加工集散场所等区域的疫情监测网络，密切监测红火蚁疫情发生动态。

二、稳步推进，开展监管防控

（一）检疫监管

全国农技中心组织各红火蚁发生区严格执行植物检疫制度，加强对发生区的检疫封锁，防止红火蚁扩散蔓延和再次入侵。对发生区内主要花卉苗木产销基地、物流企业以及废旧物品回收和处理场等高风险场所进行摸底登记，对外调货物实施严格的检疫处理措施。组织各地从生产源头着手，引导各级植物检疫机构对辖区范围内的花卉苗木场、草坪草生产基地进行全面调查。针对企业，主动提供上门植物检疫服务，指导落实防范红火蚁的措施，深入开展产地检疫。

（二）联合防控

为推进疫情防控工作，探索通过联合监测、联防联控的方式防控重大疫情，2006年农业部组织成立了红火蚁全国联合监测与防控协作组。全国农技中心作为协作组牵头单位，组织协作组各成员单位研究制定了红火蚁防控技术指南、专项治理规划和协作组工作计划。协作组分别于2006年和2007年召开了全国会议，邀请专家培训监测与防控技术，总结交流红火蚁监测防控情况及研究进展，部署督促开展了全国性灭杀行动。为进一步巩固成果、提高效果、扩大范围、完善机制，2007年全国农技中心下发《关于做好2007年重大检疫性有害生物联合监测与防控协作工作的通知》，调整协作组牵头单位和参加单位，明确责任分工，制定防控总体规划、年度计划、工作目标、任务活动及考核指标等，推进联防联控工作深入开展。2009年，根据新的《全国农业植物检疫性有害生物名单》，全国农技中心下发《关于进一步加强重大检疫性有害生物协作联防工作的通知》（农技植保函〔2009〕291号），进一步调整了协作组成员。2015年，根据疫情形势和协作联防需要，农业部发布了《农业部办公厅关于印发〈全国农业植物检疫性有害生物联合监测与防控协作组工作规则〉的通知》（农办农〔2015〕20号），之后全国农技中心每年印发《关于全国农业植物检疫性有害生物联合监测与防控协作组安排及年度工作计划的通知》，持续推进协作组工作。通过连续多年的联防联控，红火蚁蔓延态势得到一定程度遏制，危害有所减轻，取得明显协同效应。

（三）引导创新

全国农技中心加强对疫情防控工作的引导、组织和协调，保障发生区疫情防控工作积极、高效、有序地开展。各地针对红火蚁新发生区、重发生区、零星发生区和监测区分别制定和实施科学具体的防控监测措施，并开展了一系列的分区治理及专业化群防群治的探索。广东省对经过防控并已控制危害的红火蚁发生区，坚持长期监测，以饵剂诱杀为主，进一步降低红火蚁种群密度，巩固防效；在新发生且蚁丘未受明显破坏的地区，先用粉剂触杀再结合饵剂诱杀，以确保及时有效控制疫情蔓延危害；在零星疫情发生区，组织力量采取果断有力的措施，坚决铲除疫情。广西壮族自治区采取拉网式和饱和式相结合的投药方法对各发生区实施蚁巢治理、根除。福建省组织进行全面施药诱杀和触杀火蚁。湖南省根据气候特点改进施药方式，组织红火蚁防控专业队开展大规模饵剂诱杀。近五年，根据红火蚁发生特点和常态化防控的新形势，广东、福建、广西、江西、湖南和云南等多个省份实行组织防控专业队进行红火蚁防控，提高了工作效率，取得了较好的防控效果。部分地区的红火蚁防控工作逐渐变为由专业化防控组织负责组织人员和准备防控药物开展防控工作，政府购买其服务，植物检疫机构更多地转变为监管认证机构。

（四）技术研究

为提高红火蚁监测防控工作的科学性，全国农技中心会同各有关省份和相关科研教学单位，在红火蚁调查监测、发生规律研究、化学药剂筛选和生物天敌防治等方面开展研究。2006年制定了《防治红火蚁药剂田间防效评比试验方案》，在全国范围内征集了广西玉林祥和源化工药业有限公司等10家公司的13种药剂，包括饵剂和破坏性撒施处理药剂，分别在广东、广西、湖南和福建4个省份开展药效试验，筛选出一批有较好防治效果的药剂。各疫情发生地也积极探索防治新技术新模式，根据红火蚁生物学特性，结合当地地理特征和气候情况，探索完善的施药方案。全国农技中心与华南农业大学红火蚁研究中心、中国农业科学院植物保护研究所和中国科学院动物研究所等多家科研教学单位长期合作，组装推广了"新二阶段处理法"等适合中国红火蚁发生危害特点的防控技术方案，牵头实施的"重大检疫性害虫红火蚁的监测、预警及控制关键技术示范推广"项目获2014年中国植物保护学会科学技术奖推广类一等奖。

（五）拍摄宣传片

2006年，全国农技中心与中国农业电影电视中心联合录制了以红火蚁为专题的电影片。2010年，全国农技中心又联合华南农业大学红火蚁研究防控中心，改版拍摄了红火蚁专题片，介绍了红火蚁的传入途径、红火蚁和蚁巢的形态特征、红火蚁在各种生态环境中的危害特点和特征、繁殖和定殖情况、针对红火蚁的检疫措施、红火蚁入侵后对我国造成的威胁以及我国面临的严峻形势、各国对红火蚁的防控方法以及我国现有的防控研究情况等内容，该片的制作发布起到了积极形象生动的宣传、教育和警示效果。

（六）国际交流

为学习国外的先进经验，2006年8月，农业部组团赴美国对其红火蚁防控工作进行了全面考察。考察团成员与美国农业部动植物检验局和农业研究局有关负责人及实验研究人员进行了会谈，听取了有关红火蚁课题研究情况的报告，实地考察了美国红火蚁蚁丘与监测现场、苗圃检疫、药剂零售店和红火蚁天敌寄生蚤蝇养殖设施。期间，考察团还参访了美国杜邦公司产品研究与开发部，交流了其防治红火蚁药剂产品研究、开发情况和我国农药登记有关规定。通过考察，考察团全面了解了美国红火蚁发生情况、防控情况和经验教训，对我国红火蚁防控工作有重要启示和借鉴意义。

（七）科普宣传

根据农业部印发的《红火蚁疫情防控工作宣传培训计划》，各级植物检疫机构等部门积极开展宣传工作。2005年以来，全国农技中心主办或协办红火蚁的培训班60余次，组织编印了80万份红火蚁三折页、10万份《关注红火蚁　扑灭红火蚁》的宣传挂图、1万本《红火蚁检疫手册》和5 000份《红火蚁检疫与控制》光盘，起到了较好的宣传效果。

三、步步为营，取得阶段性成果

（一）明确疫情发生分布动态

2005年，广东吴川、云浮、河源，广西南宁，湖南张家界，福建龙岩等地发生红火蚁。2006年，广东12个地级市32个县（市、区）发生面积455 715亩，广西4个地级市5个县（市、区）发生面积22 080亩，福建1个地级市2个县（区）发生面积2 680亩，湖南1个地级市1个区发生面积2 000亩。2007年，全国共调查发现5个新增红火蚁疫情点，面积9 400亩，其中，广东3个新疫情点面积2 900亩，广西1个点面积500亩，福建1个点面积6 000亩。2008年，江西首次在赣州龙南、定南和章贡3地发现了红火蚁危害，面积500亩；其他新发疫情点包括广东汕尾城区、江门蓬江区和新会区，面积分别为500亩、1 200亩和340亩；福建厦门的集美区和湖里区以及漳州漳浦县，面积分别为7 920亩和855亩。2009年，疫情在广东、广西、福建、湖南、江西等5个省份28个市73个县（市、区）291个乡镇街发生。2010年，四川首次发现红火蚁，发生面积仅12亩。2012年，海南首次发现红火蚁，由于当地雨水充足，防控难度较大，当年发生面积即达6.7万亩，涉及7个县（区）。2013年，云南首次发现红火蚁疫情，涉及县级行政区5个，发生面积2.6万亩。2014年，重庆首次报告在渝北区发现红火蚁疫情；湖南在张家界的疫情点根除后，再次报告在武冈市和嘉禾县发现疫情；云南疫情发生分布县级行政区由上年的5个增至38个，发生面积由上年的2.6万亩增至4.7万亩，呈快速扩散蔓延态势。2015年，贵州省榕江县和从江县首次发现红火蚁疫情，广西和福建均出现多个新增县级发生区。广西全区发生面积14.5万亩，福建全省发生面积24.6万亩，较上年增加近9万亩。2016年，浙江首次出现红火蚁疫情，另外，福建、广东、广西、海南、江西、贵州、重庆、云南均出现新增县级发生区。2017年，广东、广西、云南、贵州、四川、浙江、江西、福建、海南、重庆、湖南均出现新增县级发生区，5个县级发生区疫情得到根除（广东3个，云南2个）。2018年，湖北首次出现红火蚁疫情，另外，浙江、福建、江西、湖北、湖南、广东、广西、海南、重庆、四川、贵州、云南均出现新增县级发生区（表2-1）。

表2-1　2005–2018年全国红火蚁发生情况

年份	发生面积（亩）	发生省份	发生县（个）
2005	36 240	广东、广西、福建、湖南	8
2006	482 475	广东、广西、福建、湖南	40
2007	491 875	广东、广西、福建、湖南	45
2008	553 124	广东、广西、福建、湖南、江西	50

（续）

年份	发生面积（亩）	发生省份	发生县（个）
2009	944 936	广东、广西、福建、湖南、江西	73
2010	1 164 628	广东、广西、福建、湖南、江西、四川	89
2011	1 129 539	广东、广西、福建、江西、四川	102
2012	1 527 878	广东、广西、福建、江西、四川、海南	152
2013	1 909 007	广东、广西、福建、江西、四川、海南、云南	169
2014	2 314 855	广东、广西、福建、江西、四川、海南、云南、湖南、重庆	217
2015	2 559 310	广东、广西、福建、江西、四川、海南、云南、湖南、重庆、贵州	245
2016	2 700 950	广东、广西、福建、江西、四川、海南、云南、湖南、重庆、贵州、浙江	271
2017	3 172 300	广东、广西、福建、江西、四川、海南、云南、湖南、重庆、贵州、浙江	308
2018	4 251 301	广东、广西、福建、江西、四川、海南、云南、湖南、重庆、贵州、浙江、湖北	366

（二）形成系统的监测防控策略

1. 监测方面

（1）建立了5 000个全国植物疫情监测点，完善监测布局，形成系统的监测网络。

（2）建立起涵盖快报、月报和年报3种形式，贯穿部、省、市、县4级的疫情报告制度。

（3）发布实施国家标准《红火蚁疫情监测规程》，保障科学标准地开展红火蚁疫情监测工作。

2.防控方面

（1）组织制定并下发《红火蚁疫情防控应急预案》和《全国红火蚁疫情根除规划》，各地参照制定相应预案和规划，将红火蚁防控上升为政府行为。

（2）协助农业部启动重大植物疫情阻截带建设，建立疫情联防联控协作组工作机制，推动红火蚁疫情的区域联防联控。

（3）试验示范集成推广红火蚁防控技术，组装集成了"新二阶段处理法"等适合中国红火蚁发生危害特点的防控技术方案。

（三）控制疫情蔓延危害

通过不断加大防控力度，组织专业化防治，推广检疫防除技术，有效控制了红火蚁疫情的传播危害。各发生区已很少发生红火蚁蜇刺伤人事件。在广州、深圳、吴川、南宁和北流等重发生区红火蚁基本不造成危害，当地生态系统逐步得到恢复。在新发生区红火蚁的严重危害势头和种群数量得到有效遏制。

经过采取综合控制措施，2008年扑灭了广西陆川县温泉镇九龙山庄和北流市北流镇六地坡村的红火蚁疫情。2011年5月扑灭了湖南张家界红火蚁疫情。2013年扑灭了福建龙岩新罗区和上杭县红火蚁疫情。2016年，扑灭了重庆渝北区和湖南嘉禾县红火蚁疫情。

第三章
中国红火蚁防控农药使用情况

在红火蚁防控治理过程中，离不开化学农药的使用。本章重点介绍中国农药管理法律法规、农药使用管理机构、红火蚁防控农药登记使用情况。

一、农药管理法律法规

（一）法律法规

2006年11月1日起实施的《农产品质量安全法》，从保障农产品质量安全的角度出发，对农药管理做出了规定。其第二十一条规定，国务院农业行政主管部门和省、自治区、直辖市人民政府农业行政主管部门应当定期对农药进行监督抽查，同时规定不得销售含有国家禁止使用农药或农药残留水平不符合国家标准的农产品。

国务院于1997年制定、2001年和2017年修订的《农药管理条例》是中国农药管理的法律基石。新修订的《农药管理条例》自2017年6月1日起实施，共8章66条，分别对农药登记、农药生产、农药经营、农药使用、监督管理和法律责任等进行了规范。2017年6月21日农业部发布《农药登记管理办法》《农药生产许可管理办法》《农药经营许可管理办法》《农药登记试验管理办法》《农药标签和说明书管理办法》5个配套规章，并自2017年8月1日起正式施行。至此，新的农药管理整体框架已经成形。

（二）技术标准

技术标准是中国农药管理政策框架的重要组成部分，目前，在农药管理方面，已制定国家和行业产品标准200多项，方法标准近400项，安全标准近100项，中毒急救和环境安全标准30多项。其中，主要的基础性标准有《农药中文通用名称》，《真菌农药母药产品标准编写规范》及粉剂、可湿性粉剂、油悬浮剂和饵剂共5项产品标准编写规范，《农药登记管理术语》《农药通用名称及制剂名称命名原则和程序》《农药残留试验准则》《农药残留分析样本的采样方法》《农药田间药效试验准则》（一）和（二）等。环境安全标准主要包括《农药安全使用标准》《农药使用环境安全技术导则》以及系列《化学农药环境安全评价试验准则》（含土壤降解试验、水解试验等21个部分）等。

（三）特殊农药登记制度与发达国家差距分析

目前，我国相关法规中对特殊农药登记的资料要求不够具体。虽然我国已经建立了涵盖产品化学、药效、环境、毒理、残留评价等较为完善的农药登记管理法规框架。这一法规框架在广大发展中国家中处于领先水平，但与欧美等地相比仍有一定差距。

发达国家农药管理工作以保障安全为核心，为此美国设立了农药使用和经营许可管理制度，德国对农药使用人员建立了持证上岗制度，美国、欧盟和日本实行残留限量标准制定和登记评审同步的制度，其农药残留标准数量分别达到了1.1万、14.5万和5.8万多项，我国目前建立了农药经营许可管理制度，农药残留限量标准制定滞后于登记评审，截至2018年年底仅有农药残留限量标准4 442项。我国残留标准虽然数量较发达国家少，但其中约有2/3严于或等同国际食品法典委员会标准。另外，我国针对本国农药市场监管水平不高的现状，实施了严格的农药禁限用政策，甲胺磷和对硫磷等在众多发展中国家，甚至一些发达国家仍在使用的农药在我国已全面禁用，氟虫腈和仲丁威等农药因其环境或毒性风险也受到了严格的限制。

特殊农药登记方面的农药管理法规框架也存在差距。该制度在一些发达国家发挥了良好的作用，以新西兰为例，发现红火蚁后，作为一项紧急措施很快就对一些防控红火蚁的药剂进行了特殊农药登记。然而，在我国由于实际登记过程中无法将防控红火蚁的药剂作为特殊农药对待，且申请人积极性不高等原因，其结果是，红火蚁相关的农药登记时效性不强，有些检疫性有害生物甚至至今没有登记农药可用。

二、农药使用管理机构

（一）病虫害管理机构和体系

为有效应对病虫害给农业生产带来的威胁，我国提出了"公共植保"的理念，和过去相比，在病虫害防控方面投入了更多的公共资源。从农业农村部到县级农业局都设有专门的病虫害管理机构。农业农村部由所属的全国农技中心负责全国病虫害管理工作的组织实施。各省级农业农村厅和市级、县级农业局都设有植保植检站，负责当地的病虫害预测预报和防控工作。乡镇没有专门的病虫害管理机构，但乡镇农技站都配备有植保技术员，直接面向农民提供技术服务。林业系统也设有完善的森林保护体系，国家林业局、省级林业厅和市级、县级林业局都设有森林保护站，负责林业病虫害的管理。

（二）农药管理机构和体系

1. 在监管体系方面　目前，我国已经形成了以农业行政主管部门所属的农药检定所、植保植检站或综合执法大队为执法主体，覆盖国家到省、市、县的比较完善的农药监管体系，有1 600多名农药监管专职人员，加上基层农业综合执法人员共有1.74万人。近年来，通过植保工程建设，农药监管手段也有所改善，一些地方建立了农药残留与质量监测中心。尽管如此，相对于为数众多的农药生产、经营单位和使用主体，农药监管力量仍显不足，执法人员对乡镇农药市场大多只能采取1年1～3次突击检查，在一些地方日常监管还存有"盲区"。

2. 在政府管控农药使用和贮存方面　2011年国务院修订发布了《危险化学品安全管理条例》，对包括部分农药在内的危险化学品的使用和贮存作出了明确规定。《农药管理条例》规定，农业行政主管部分负有推广和指导安全、合理使用农药的责任。根据这些要求，各级政府都在积极采取措施，提升农药安全使用和贮存水平。2015年农业部组织实施了"百县万名农民骨干科学用药培训行动",全年培训技术骨干1万名,辐射带动农户10万户。但我国农药经营和使用者整体素质仍然偏低,农药使用和贮存安全状况不容乐观。如陕西省西安市植保植检站在市场检查中发现,农药产品与非农药产品混合存放、经营区与生活区混用的现象较多,在区县的中小经营门店这种现象尤为普遍,存在安全隐患。

3. 在农药产品包装和标识方面 农药管理五个配套规章之一就是《农药标签和说明书管理办法》。该办法对标签标注的内容、制作、使用和管理等作出了明确规定,其要求也基本与联合国粮食及农业组织的《农药良好标签规范准则》接轨。在实际工作中,标签是农药登记审查的项目之一,也是农药监管部门市场检查的重点。经过持续努力,农药包装和标识情况得到了很大改善,但在各地市场检查中仍然发现不少问题,主要表现为无中文有效成分标识或标识不明、擅自扩大使用范围、生产厂家标注不清、批号标注不清、生产日期标注不清、随意改变毒性标识等。

4. 在限制使用农药管理措施方面 我国近年来发布一系列禁限用公告,对甲胺磷、苯线磷等46种高毒、高残留或致癌、致畸、致突变的农药采取了禁用措施,对克百威、氧乐果、灭多威等高风险农药采取了在蔬菜、瓜果、茶叶、菌类、中草药材等作物上禁用的措施。为保证禁限用措施得到落实,相关部门废除了禁用农药的农药产品登记证、生产许可证和生产批准证书,撤销限用农药在受限作物上使用的农药登记证,停止受理受限农药在受限作物上的登记申请,加大对非法生产、销售和使用禁限用农药的查处力度,多数地方农药的禁限用措施得到了较好的落实。但是,由于禁限用农药一般价格低廉、防治效果好，在一些地区，尤其是在分散种植户中违规使用禁限用农药的现象仍时有发生。

5.在政府监控本地农药使用方面　各级农药检定所、植保植检站或综合执法大队会定期开展农药市场检查和农药产品质量抽查，重点检查农药标签标识是否规范，农药有效成分种类和含量是否合规、达标等。农药监管机构和农产品质量安全管理机构还会定期对上市流通的农产品开展农药残留检测，从中可以动态掌握当地使用的农药种类、农药用量等情况。

6.在农药毒性数据获知方面　我国以世界卫生组织（WHO）推荐的农药危害分级标准为基础，结合农药生产、使用和管理的实际情况制定了本国的农药分级标准，并在《农药标签和说明书管理办法》中明确要求在标签上加注图形标识和毒性级别文字，农药使用人员可以方便地从农药标签上获知毒性情况。另外，随着我国互联网的普及，越来越多的农民有机会接触到网络，可以从中国农药信息网或"微语农药"公众号上方便地查询到农药毒性数据。

7.在紧急救治农药中毒人员的能力方面　我国农村地区已经建立了以乡镇卫生院和村卫生室为主体的比较健全的农村医疗卫生体系。除了无药可救的农药中毒病例（如百草枯中毒）外，只要发现及时，农药中毒人员一般都能就近就医，得到有效救治。

综上所述，我国高度重视农药监管工作，不断完善政策法规，加大监管力度，农药安全生产和使用水平得到了稳步提升。但我国也面临着农药生产者、经营者和使用者守法意识有待提高，政府监管能力尚显不足等发展中国家普遍存在的问题，特别是我国农药生产、经营和使用存在规模小、主体多等情况。因此，当前农药监管工作仍面临着不小的困难与挑战。

三、红火蚁防控农药登记使用情况

（一）登记药剂

截至2016年3月，我国登记用于防控红火蚁的农药有效成分有7种，制剂有9种（表3-1）。有效成分中只有多杀霉素属WHO低毒（Ⅲ类），氟蚁腙、氟虫胺、氟虫腈、高效氯氰菊酯、茚虫威和吡虫啉等其他6种都属于WHO中等毒（Ⅱ类）。剂型以饵剂为主，只有1种为粉剂。氟虫腈、氟蚁腙和茚虫威制剂各2种饵剂，多杀霉素和吡虫啉制剂各1种饵剂；粉剂以高效氯氰菊酯为有效成分。

（二）红火蚁防控登记农药特性

1.氟虫胺　氟虫胺（sulfluramid）属有机氟类杀虫剂，是几种昆虫能量代谢抑制剂中的一种（其他包括氟蚁腙、氟磺酰胺等）。氟虫胺具有慢性致毒的特点，进入昆虫体内后发生胃毒作用，阻止能量转化，抑制昆虫的能量代谢，使昆虫心律减慢，呼吸运动受阻，氧的消耗量减少，最终使红火蚁瘫软麻痹而死亡。利用蜚蠊、白蚁、蚂蚁等群居性昆虫在传递信息、食物等过程中相互接触和饲喂、哺育等行为特征，使用含有氟虫胺的食物（食饵），使害虫在搬运、取食过程中，产生一次中毒、多次传毒，从而达到消灭群体中心（如蚁后、蚁王），直至整个群体的目的。自2020年1月1日起，禁止使用氟虫胺。

2.**氟虫腈**　氟虫腈（fipronil）是一种苯基吡唑类杀虫剂，属神经毒剂，杀虫谱广，以胃毒作用为主，兼有触杀和一定的内吸作用。主要作用部位为运动神经末梢与肌肉结合点突触，主要作用靶标是抑制性神经递质GABA（γ-氨基丁酸）受体，它可能是GABA竞争剂，阻碍了其氯化物代谢。在正常情况下GABA受体被激活后，使作用部分的氯离子通道打开，氯离子大量进入突触后膜，加强了动作电位极化效应，确保神经系统的正常传导。氟虫腈能导致GABA受体正常功能受阻，致使神经痉挛、麻痹致死。氟虫腈的一大特点是对现有的药剂没有交互抗性，对有机磷类、菊酯类、氨基甲酸酯类杀虫剂已产生抗药性的害虫对其都具有极高的敏感性，在害虫防治中发挥重要的作用。氟虫腈对甲壳类水生生物和蜜蜂具有高风险，在水和土壤中降解缓慢。

3.**茚虫威**　茚虫威（indoxacarb）具有独特的作用机理，其在昆虫体内被迅速转化为DCJW（N-去甲氧羰基代谢物），由DCJW作用于昆虫神经细胞失活态电压门控钠离子通道，不可逆阻断昆虫体内的神经冲动传递，破坏神经冲动传递，导致害虫运动失调、不能进食、麻痹并最终死亡。具有触杀和胃毒作用，对各龄期幼虫都有效。药剂通过接触和取食进入昆虫体内，0～4小时内昆虫即停止取食，随即被麻痹，昆虫的协调能力会下降（可导致幼虫从作物上落下），一般在药后24～60小时内死亡。它与菊酯类、有机磷类、氨基甲酸酯类等农药均无交互抗性，对非靶标生物以及有益生物如鱼类、哺乳动物、天敌昆虫包括螨类安全，因此，是可用于害虫综合防治和抗性治理的理想药剂品种之一。由于茚虫威毒性低，在施药12小时后，人进入施药环境即很安全。

4. **多杀霉素** 多杀霉素（spinosad）对害虫具有快速的触杀和胃毒作用，无内吸作用，对叶片有较强的渗透作用，可杀死叶片下的害虫，持效期较长，对一些害虫具有一定的杀卵作用，能有效防治鳞翅目、双翅目和缨翅目害虫，也能很好的防治鞘翅目和直翅目中某些大量取食叶片的害虫，对刺吸式害虫和螨类的防治效果较差，对捕食性天敌昆虫比较安全。目前，还不太清楚其杀虫机理。研究表明，它可能通过变构作用激活昆虫中枢神经系统的N型乙酰胆碱受体，也可能与GABA门控氯离子通道相互作用。但是与烟碱和吡虫啉不同，多杀霉素并不与乙酰胆碱识别位点结合。尽管多杀霉素对N型乙酰胆碱受体具有持久的活性，但是与昆虫乙酰胆碱受体结合的能力大大高于与脊椎动物的结合能力，因此，它对脊椎动物很安全，对植物也安全无药害，适合在蔬菜、果树等作物上使用。杀虫效果受降雨影响较小。因杀虫作用机制独特，目前尚未发现与其他杀虫剂存在交互抗药性。

5. **高效氯氰菊酯** 高效氯氰菊酯（beta-cypermethrin）是一种拟除虫菊酯类杀虫剂，生物活性较高，是氯氰菊酯的高效异构体，具有触杀和胃毒作用。杀虫谱广、击倒速度快、低残留，杀虫活性较氯氰菊酯高。通过与害虫钠通道相互作用而破坏其神经系统，达到杀虫目的。该药剂对蜜蜂、鱼、蚕、鸟均为高毒，使用时应注意避免污染水源地、避免在蜜源作物开花期使用、避免污染桑园。

6. **氟蚁腙** 氟蚁腙（hydramethylnon）具有胃毒作用，无内吸性，在环境中无生物累积作用，能有效抑制昆虫体内腺苷三磷酸的生成，抑制呼吸代谢。该药剂起效较慢，昆虫取食后一般在24～72小时内死亡。

（三）红火蚁防控农药研制

截至2016年3月，除已经登记的9个农药产品外（表3-1），另有24家企业（研究所）研制了31个农药制剂，但未能最终成为登记产品。这些制剂包括28种毒饵制剂和3种粉剂，涉及阿维菌素、胺菊酯、苯氧威、吡丙醚、吡虫啉、残杀威、毒死蜱、多杀霉素、氟蚁腙、氟虫胺、氟虫腈、氟磺酰胺、氟铃脲、硫氟磺酰胺、氯氰菊酯、硼酸、茚虫威和鱼藤酮等有效成分。

除了5个以氟虫胺为有效成分的农药制剂外，其余26个制剂为非PFOS农药，其中部分已初步证明对防控红火蚁有效，因而可以作为氟虫胺的替代药剂。研发的这些制剂之所以未能最终形成登记产品，有不同原因，但成本效益比是其中一个重要原因。和常规的大田有害生物相比，红火蚁发生面积较小，防控红火蚁用药的市场需求很小。因此，很多农药企业（研究所）不愿花费大量的时间和经费来登记防控红火蚁用药。

我国在开发红火蚁生物防治方法方面同样做出了持续努力。已从雷公藤（*Tripterygium wilfordii*）、红背桂（*Excoecaria cochinchinensis*）、马樱丹（*Lantana camara*）、夹竹桃（*Nerium indicum*）、黄花夹竹桃（*Thevetia peruviana*）和黄婵（*Allemanda neriifolia*）等植物中提取出相关物质，并检测了它们对红火蚁的防控效果。还研究了球孢白僵菌（*Beauveria bassiana*）、金龟子绿僵菌（*Metarhizium anisopliae*）和黄绿绿僵菌（*Metar-hizium flavoviride*）等真菌的致病性。

表3-1 我国登记用于防控红火蚁的现有农药种类

（截至2016年3月）

序号	公司名称	农药制剂名称	农药登记证号	有效期	使用方法	毒性分级（WHO）
1	巴斯夫欧洲公司	0.73%氟蚁腙杀蚁饵剂	WP20140140	2014.06.17－2019.06.17	蚁巢密度较小时，对单个蚁巢点投放本品25～50克；蚁巢密度较大时，除对单个蚁巢点投放25克饵剂外，再按1千克/公顷剂量撒施	II
2	广东省珠海经济特区瑞农植保技术有限公司	0.015%多杀霉素杀蚁饵剂	WP20140049	2014.03.06－2019.03.06	20～30克/巢，环状撒施在蚁巢附近	III
3	广东省佛山市盈辉作物科学有限公司	0.05%氟虫腈杀蚁饵剂	WP20130217	2013.10.24－2018.10.24	将饵剂投放在蚂蚁经常出现的地方。一旦饵剂被蚂蚁吃尽，立即补充施药	II
4	武汉楚强生物科技有限公司	1%氟蚁腙杀蚁饵剂	WP20140238	2014.11.15－2019.11.15	将饵剂投放在蚂蚁经常出没的地方，单个蚁巢投放15～20克。根据红火蚁的发生情况，1～2个月后进行第二次防治和补施	II

（续）

序号	公司名称	农药制剂名称	农药登记证号	有效期	使用方法	毒性分级（WHO）
5	安徽喜丰收农业科技有限公司	0.1%高效氯氰菊酯杀蚁粉剂	WP20090235	2014.04.16 – 2019.04.16	于红火蚁出没处直接均匀撒布	II
6	安徽喜丰收农业科技有限公司	0.1%茚虫威杀蚁饵剂	WP20140218	2014.08.27 – 2019.08.27	均匀撒施在红火蚁蚁巢50～100厘米范围内，施药后2天内下雨需要重新施药	II
7	广东省广州市中达生物工程有限公司	0.05%氟虫腈杀蚁饵剂	WP20150202	2015.09.23 – 2020.09.23	5～10克/巢，环状撒施在蚁巢附近	II
8	安徽康宇生物科技工程有限公司	2.15%吡虫啉杀蚁饵剂	WP20100020	2015.01.14 – 2020.01.14	2 0～3 0克/巢，环状撒施在蚁巢附近	II
9	安徽康宇生物科技工程有限公司	0.05%茚虫威杀蚁饵剂	WP20160024	2016.02.29 – 2021.02.28	1 5～2 5克/巢，环状撒施在蚁巢附近	II

第四章
持久性有机污染物介绍

持久性有机污染物对人类健康和生态环境具有严重的危害，对人类的生存和社会的可持续发展构成了重大威胁。在登记防控红火蚁的药剂中，氟虫胺就属于持久性有机污染物PFOS类的物质。本章介绍持久性有机污染物的定义、名单和分类情况，并重点介绍PFOS和氟虫胺的相关情况。

一、定义

持久性有机污染物（persistent organic pollutants，以下简称POPs）是化学性质稳定，在环境中能持久存在，易在人体、生物体和沉积物中积聚，能在大气中长距离迁移并返回地表，对人类健康和生态环境造成严重危害的有机化学污染物质。2001年5月22日，100多个国家在瑞典首都斯德哥尔摩签署《关于持久性有机污染物的斯德哥尔摩公约》（以下简称POPs公约），POPs公约于2004年5月17日正式生效。2004年11月11日起，POPs公约正式在中国生效。根据POPs的定义，国际上公认POPs具有4个重要的特性：高毒性、环境持久性、生物富集性、半挥发性。

（一）高毒性

大多数POPs具有很高的毒性，部分POPs还具有致癌性、致畸性、致突变性、生殖毒性和免疫毒性等。这些物质对人类和动物的生殖、遗传、免疫、神经、内分泌等系统等具有强烈的危害作用，而且这种毒性还由于污染物的持久性而持续一段时间。例如，二噁英系列物质被称为世界上剧毒的化合物之一，每人每日能耐受的二噁英摄入量仅为每千克体重1皮克。有研究表明，连续数天对孕猴施以每千克体重几皮克的喂量即能使其流产。

（二）环境持久性

POPs对生物降解、光解、化学分解等具有较强抵抗能力，一旦被排放到环境中就难以分解，能够在水体、土壤和底泥等多种介质环境中残留数年甚至更长的时间。POPs对整个生态系统和人类健康的威胁都会长期存在。目前，常采用半衰期作为衡量POPs在环境中持久性的评价参数。半衰期是指污染物挥发到其浓度一半所需的时间。例如，全氟辛基磺酸及其盐类在水相中的半衰期为41年。

（三）生物富集性

生物富集作用亦称"生物放大作用"，是指通过生态系统中食物链或食物网的各营养级，使某些污染物，如放射性化学物质和合成农药等，在生物体内逐步浓集的趋势，而且随着营养级的不断提高，有害污染物的浓集程度也越高，最高营养级的生物最易受害。POPs具有低水溶性、高脂溶性（高脂亲水性），导致POPs可以较容易地从周围媒介物质中富集到生物体内，并通过食物链逐级放大，也就是说POPs在自然环境（如大气、水、土壤）中可能浓度很低，甚至监测不出来，但是它可以通过大气、水、土壤进入植物或者低等的生物，然后通过营养级逐级放大，营养级越高蓄积量越高，人类作为最高营养级，受到的影响最大。

（四）半挥发性

POPs一般是半挥发性物质，它们能够从土壤、水体挥发到空气中，在室温下就能挥发进入大气层，并以蒸气的形式存在于空气中或吸附在大气颗粒物上，从而能在大气环境中进行远距离迁移，或借助水流传播很远的距离。由于其具有持久性，所以能在大气环境中远距离迁移而不会全部被降解，同时适度挥发性又使得它们不会永久停留在大气层中，会在一定条件下重新沉降到地球表面，然后又在某些条件下挥发。这样的挥发和沉降重复多次就可以导致POPs分散到地球上各个地方。因此，这种性质使POPs容易从比较暖和的地方迁移到比较冷的地方，像北极圈这种远离污染源的地方都发现了POPs的踪迹。

二、名单

POPs公约旨在减少、消除和预防POPs污染，保护人类健康和环境安全。POPs公约建立了一份含POPs特性的12种化学物质的最初清单，规定公约缔约方政府应对这些物质进行控制。但该清单并非一份能够涵盖所有POPs物质的完整清单，于是POPs公约制定相关标准以供未来界定其他具有POPs特性的化学物质，建立相应程序以扩大POPs物质的清单。

第一批列入公约受控名单的有12种POPs。①有意生产——有机氯杀虫剂（OCPs）：艾氏剂、狄氏剂、异狄氏剂、滴滴涕、氯丹、灭蚁灵、七氯、毒杀酚。②有意生产——工业化学品：六氯苯和多氯联苯（PCBs，209种）。③无意排放——工业生产过程或燃烧生产的副产品：多氯代二苯并-对-二噁英（简称二噁英PCDD）和多氯二苯并呋喃（简称呋喃PCDF）。

第二批增列（第四次缔约方大会，2009年）：3种杀虫剂副产物（α-六氯环己烷、β-六氯环己烷、林丹）、3种阻燃剂（六溴联苯醚和七溴联苯醚、四溴联苯醚和五溴联苯醚、六溴联苯）、十氯酮、五氯苯以及PFOS类物质（全氟辛基磺酸及其盐类和全氟辛基磺酰氟）。

第三批增列（第五次缔约方大会，2011年）：硫丹。

第四批增列（第六次缔约方大会，2013年）：六溴环十二烷。

第五次增列（第七次缔约方大会，2015年）：六氯丁二烯、多氯萘、五氯苯酚及其盐类和酯类。

第六次增列（第八次缔约方大会，2017年）：短链氯化石蜡、十溴二苯醚。

三、分类

截至2017年，POPs公约中受控POPs增加到共计28种，具体类别如下。

（一）农药类

农药类POPs主要分为以苯为原料和以环戊二烯为原料的两大类含有有机氯的有机化合物。前者如使用最早、应用最广的杀虫剂DDT和六六六，后者如作为杀虫剂的氯丹、七氯、艾氏剂等。

1. 常用有机氯农药的特性

（1）蒸气压低，挥发性小，使用后消失缓慢。

（2）脂溶性强。

（3）有机氯农药的氯苯结构较稳定，不易被生物体内的酶降解，降解缓慢。由于这一特性，它通过生物富集和食物链，环境中的残留农药会进一步得到富集和扩散。通过食物链进入人体的有机氯农药能在肝、肾、心脏等器官中蓄积，特别是由于这类农药脂溶性强，所以在脂肪中的积聚更多。积聚的农药也能通过母乳排出，或转入卵、蛋中，影响后代。

（4）与土壤微生物作用的产物，也像亲体一样存在着残留毒性，如DDT还原生成DDD，再脱氯化氢后生成DDE，仍具有环境毒性。

（5）有些有机氯农药，如DDT能悬浮于水面，可随水分子一起蒸发。

2. 农药类POPs的主要种类

（1）艾氏剂。艾氏剂（aldrin）曾用于防治地下害虫和某些大田作物、蔬菜、果树等作物上的害虫，施于土壤中，用于清除白蚁、蚱蜢、南瓜十二星叶甲和其他昆虫，是一种强有效的触杀和胃毒剂，可引起人肝功能障碍，具致癌性。

（2）狄氏剂。狄氏剂（dieldrin）生产于1948年，曾用于防治白蚁、纺织品类害虫、森林害虫、棉花害虫和地下害虫，以及防治热带蚊蝇传播疾病，部分用于农业。对神经系统、肝脏、肾脏有明显的毒性。

（3）异狄氏剂。异狄氏剂（endrin）曾用于防治棉花和谷物等大田作物上的害虫，也用于控制啮齿动物，1951年开始生产。用于制备实验室工作标准品和校准分析仪器。本品为高毒杀虫剂，中毒后症状有头痛、眩晕、乏力、食欲缺乏、视力模糊、失眠、震颤等，重者可引起昏迷。

（4）滴滴涕。滴滴涕（dichlorodiphenyltrichloroethane，简称DDT）为白色晶体，不溶于水，溶于煤油，可制成乳剂。曾用于防治棉田后期害虫、果树和蔬菜害虫，具有触杀、胃毒作用。

DDT于1874年首次在德国合成，但直到1939才应用其杀虫特性，并且几乎对所有昆虫都有效。第二次世界大战期间，DDT的使用范围迅速得到了扩大，在疟疾、痢疾等疾病的治疗方面大显身手，挽救了很多生命。在防治农作物病虫害上的应用，也带来了农作物的增产。20世纪60年代，科学家们发现DDT在环境中非常难降解，并可在动物脂肪内蓄积，甚至在南极企鹅的血液中也检测出DDT。鸟类体内含DDT会导致产软壳蛋而不能孵化，尤其是处于食物链顶端的食肉鸟，如美国国鸟白头海雕几乎因此而灭绝。美国海洋生物学家雷切尔·卡森在《寂静的春天》中也讲到，DDT进入食物链，是导致一些食肉和食鱼的鸟接近灭绝的主要原因。因此，从20世纪70年代后DDT逐渐被世界各国明令禁止生产和使用。然而，由于没有找到更好的替代药剂，世界卫生组织于2002年宣布，重新启用DDT用于控制蚊子的繁殖以及预防疟疾、登革热、黄热病等疾病在世界范围内卷土重来。

（5）氯丹。氯丹（chlordane）曾用于防治高粱、玉米、小麦、大豆、林业苗圃等作物上的地下害虫，如蝼蛄、地老虎、稻草害虫等，是一种具触杀、胃毒和熏蒸作用的广谱杀虫剂。具有很长的残留期，同时因具有杀灭白蚁、红火蚁的功效，也用于建筑基础防腐。作为广谱杀虫剂用于各种作物和居民区草坪中，1945年开始生产。

（6）七氯。七氯（heptachlor）曾用于防治地下害虫、棉花后期害虫、禾本科作物和牧草害虫；非内吸性，是种具触杀、胃毒作用的杀虫剂，有一定熏蒸作用，常被加工成乳剂、可湿性粉剂使用。进入机体后很快转化为毒性较大的环氯化物并贮存于脂肪中，主要影响中枢神经系统及肝脏等。1948年开始生产。

（7）灭蚁灵。灭蚁灵（mirex）具胃毒作用，为中等毒杀蚁剂，被广泛用于防治多种蚁虫。吸入、摄入或经皮肤吸收后会中毒。试验资料报道，有致癌、致畸、致突变作用。

（8）毒杀芬。毒杀芬（toxaphene）曾用于防治棉花、谷类、水果、坚果、蔬菜、林木等作物上的害虫以及牲畜体外寄生虫，具有触杀、胃毒作用。1948年开始生产。通常将毒杀芬归入高持久性农药之列，其生物代谢和环境降解速率较缓慢。毒性级别为中等毒。可导致全身性抽搐，具樟脑样兴奋作用，蓄积作用不明显。

（9）六氯环己烷。六氯环己烷（hexachlorocyclohexane）是环己烷每个碳原子上的一个氢原子被氯原子取代形成的饱和化合物。分子式$C_6H_6Cl_6$，俗称α-六六六。结构式因分子中含碳、氢、氯原子各6个，可以看作苯的6个氯原子加成产物。白色晶体，有8种同分异构体。对昆虫有触杀、熏蒸和胃毒作用，其中，γ异构体杀虫效力最高，α异构体次之，δ异构体又次之，β异构体效率极低。曾用于防治水稻、小麦、大豆、玉米、蔬菜、果树、烟草、森林、粮仓等的害虫。

（10）林丹。林丹又名γ-六氯环己烷（γ-hexachlorocyclohexane），20世纪40年代出现的有机氯杀虫剂，是六六六的主要杀虫活性成分，可由六六六经甲醇提取得到。曾用于防治水稻、小麦、大豆、玉米、蔬菜、果树、烟草、森林、粮仓等的害虫。林丹是作用于昆虫神经系统的广谱杀虫剂，具有胃毒、触杀和熏蒸作用，一般被加工成粉剂或可湿性粉剂使用。由于用途广、制造林丹的工艺较简单，50～60年代在全世界被广泛生产和应用，曾是我国产量最大的杀虫剂，对消除蝗灾、防治林业害虫和家庭卫生害虫起过积极作用。林丹因被长期大量使用，使害虫产生抗药性，又不易降解，在环境和生物体内造成残留积累，许多国家在70年代已停止使用，仅允许用于某些特殊场所。我国从1983年起停止生产，但作为其他农药的原料还保留少量生产。

（11）十氯酮。十氯酮（kepone、chlordecone）又名开蓬，是一种毒性较高的杀虫剂和杀真菌剂。曾用于防治白蚁、地下害虫、马铃薯上的咀嚼式口器害虫，还曾用于防治苹果蠹蛾，对番茄晚疫病、番茄红斑病、白菜霜霉病等也有效果。对咀嚼式口器害虫有效，对刺吸式口器害虫低效。我国从未生产和使用过十氯酮。

（12）硫丹。硫丹（endosulfan）是一种人工合成的有机氯化合物，又名安杀丹、硕丹、赛丹、雅丹，被广泛用作农业杀虫剂。硫丹是一种非内吸性，具有触杀和胃毒作用的杀虫剂，为摄入型杀虫剂，被广泛用于防治谷物、咖啡、棉花、果树、马铃薯、茶叶、蔬菜以及其他多种不同作物、观赏植物和森林树木上的害虫，对棉铃虫有很高的防治效果。还曾被用作工业木材和日用木材的防腐剂等。

作为一种有机氯杀虫剂，硫丹于20世纪50年代被德国赫斯特公司（Hoechst AG）和美国富美实公司（FMC Corporation）首次报道。全球的硫丹年产量估计为1.8万～2万吨。生产硫丹的国家有印度、中国、以色列、巴西和韩国。使用硫丹的国家有阿根廷、澳大利亚、巴西、加拿大、中国、印度、美国等。2011年6月，农业部等5部委联合发布公告，撤销硫丹在茶树和苹果树上的使用登记。2019年3月26日起，禁止硫丹在农业上使用。

（二）工业化学品

工业化学品POPs包括多氯联苯（PCBs）、六氯苯（HCB）、多溴联苯醚类（PBDEs）、全氟辛基磺酸及其盐类（PFOS）、六溴环十二烷（HCBDD）、多氯萘、五氯苯酚及其盐类和酯类、短链氯化石蜡和十溴二苯醚。我们着重介绍PFOS的基本性质。

（1）多氯联苯。多氯联苯（polychlorinated biphenyls，简称PCB或PCBs）于1929年首先在美国合成，具有良好的热稳定性、惰性及介电特性，常被用作增塑剂、润滑剂和电解液，在工业上被广泛用于绝缘油、液压油、热载体等。用作电器设备如变压器、电容器、充液高压电缆和荧光照明整流以及油漆和塑料中，是一种热交流介质。多氯联苯是由一些氯取代苯分子中的氢原子而形成的油状化合物。理化性质极为稳定，易溶于脂质中，在水中溶解度仅为12克/升（25℃）左右。目前，在海水、河水、水生生物、沉积物、土壤、大气、野生动植物以及乳汁和脂肪中都发现有PCBs污染。

（2）六氯苯。六氯苯（hexachlorobenzene，简称HCB）被用作有机合成的中间体，生产五氯苯酚，也可制烟火着色剂、花炮等，同时也是某些化工生产中的中间体或副产物。

（3）多溴二苯醚。多溴二苯醚（poly brominated diphenyl ethers，简称PBDEs）又称为多溴联苯醚，是一组溴原子数不同的联苯醚混合物，依溴原子数不同分为10个同系组，有四溴二苯醚、五溴二苯醚、六溴二苯醚、八溴二苯醚、十溴二苯醚等209种同系物。多溴二苯醚是传统的阻燃剂品种，工业化生产的多溴二苯醚品种有：四溴二苯醚、五溴二苯醚、六溴二苯醚、七溴二苯醚、八溴二苯醚、九溴二苯醚及十溴二苯醚，其中常用的为五溴二苯醚、八溴二苯醚和十溴二苯醚3个品种。2009年增列到POPs公约受控名单的主要是四溴二苯醚和五溴二苯醚、六溴二苯醚和七溴二苯醚。

多溴二苯醚具有相当稳定的化学结构，很难通过物理、化学或生物方法降解，已被大量研究报道能够长距离迁移。多溴二苯醚能够通过各种途径进入环境，科学研究发现其在大气、水体、土壤和沉积物中的含量呈现上升趋势。在水处理污泥和家庭灰尘中也有检出。在世界自然基金会（WWF）开展的一项调查中，所有欧盟议会的议员血液样品中均检出多溴二苯醚。这类化学物质的残留性和毒性很有可能给环境和人体造成严重影响，会导致人和生物患癌、出生缺陷和神经系统损害。有证据表明，其对无脊椎动物和鱼类的生殖系统具有毒性。

（4）全氟辛基磺酸及其盐类（PFOS）和全氟辛基磺酰氟（PFOSF）。全氟辛烷磺酸是完全氟化的阴离子，以盐的形式广泛使用或渗入较大的聚合物中使用。PFOS/PFOSF是美国明尼苏达矿务及制造业公司（以下简称3M公司）在1952年研制成功的一类化学品，能够以极小的添加量获得很高的活性和稳定性，是合成多种氟表面活性剂、氟精细化工产品的原料。PFOS同时具备疏油、疏水等特性，是许多其他全氟化合物的重要前体，也被作为中间体用于生产涂料、泡沫灭火剂、地板上光剂、灭白蚁农药等。此外，还被用于生产合成洗涤剂、义齿洗涤剂、洗发水和计算机、移动电话及电子零件生产领域的特殊洗涤剂中，包括与人们生活接触密切的纸制食品包装材料和不粘锅等近千种产品。在日常生活中使用的不粘锅、食品包装袋的内表面、部分洗发水、沐浴露、肥皂、洗涤剂中均含有PFOS或相关物质。

欧盟《关于限制全氟辛烷磺酸销售及使用的指令》于2008年6月27日正式实施。该指令规定，以PFOS为构成物质或要素的，若浓度或质量等于或超过0.005%的将不得销售；而在成品、半成品及零件中使用PFOS浓度或质量等于或超过0.1%，则成品、半成品及零件也将被列入禁售范围。自2006年起，欧盟、美国、加拿大和日本等地逐步采取控制措施限制PFOS的使用，PFOS的国际市场需求已经明显萎缩。3M公司曾是最大的也是最重要的PFOS生产商，3M公司以外的PFOS产量很小。1985—2002年,3M公司累计PFOS产量为13 670吨，最大年产量3 700吨，2003年初完全停产。目前，所有国外厂商均已停止生产PFOS，国际上使用PFOS的主要来源是以前的库存和从我国进口。

我国PFOS主要应用于轻水泡沫灭火剂、电镀铬雾抑制剂、农药等生产，近年来在油田回采处理剂领域有所应用。2012年数据显示，国内共有12家PFOS生产企业。我国PFOS生产历史短，年生产量及历史累计产量远小于3M公司。我国

PFOS产品出口涉及很多国家。其中，出口至巴西等南美洲国家的量较大，这些国家主要用于生产防治林业（桉树等速生树种）、甘蔗等作物上病虫害的杀虫剂氟虫胺等；美国因3M公司停产，一些不可替代的领域仍从我国进口PFOS；日本主要用于织物整理剂生产缺口补充；中东一些国家主要用于石油产业；欧洲主要用于铬雾抑制剂；韩国、印度等用于塑料加工、脱膜、阻燃及加工其他表面活性剂等。调查显示，2010年我国PFOA/PFOS产量有100多万吨，使用量约80万吨，主要应用在电镀、消防、半导体及农药等行业。

　　PFOS并不是自然存在的物质，PFOS在环境中的出现是人为生产和使用的结果。PFOS有关物质在它们的整个"生命"周期都在不断排放。如在生产时、在聚合成商业产品时、在销售时、在工业和消费者使用时、在产品使用后废渣填埋处理和污水处理时，都可以排放。在这些过程中与PFOS有关的挥发性物质可能会排放到大气中，PFOS有关物质也有可能通过污水流出而排放。消防训练区也被发现是PFOS的排放源，原因是灭火泡沫中含有PFOS。

　　PFOS的持久性极强，在各种温度和酸碱度下，对PFOS进行水解，均未发现明显降解。PFOS在增氧和无氧环境中都具有很好的稳定性，采用各种微生物条件进行降解的大量研究表明，PFOS没有发生任何生物降解的迹象。唯一已知的可使PFOS降解的条件是高温焚化，低温焚化的潜在降解性目前还不清楚。

　　由于其持久性，目前在主要食肉动物如北极熊、海豹、秃鹰和水貂体内已发现较高含量的PFOS，食肉动物体内PFOS浓度随食物链的上升而显著升高。据推断，人体血清内所含PFOS大部分是通过饮水摄入的，并能通过胎盘传递给胎儿，影响其生长发育。PFOS大部分与血浆蛋白结合存在于血液中，其余一部分则蓄积在动物的肝脏组织和肌肉组织中，具有胚胎毒性和潜在的神经毒性。PFOS具有远距离环境迁移的能力，污染范围十分广泛。有关资料表明，全世界范围内被调查的地下水、地表水和海水，甚至连人迹罕至的北极地区，生态环境样品、野生动物和人体内无一例外存在PFOS的污染踪迹。

（5）六溴联苯。六溴联苯（hexabromobiphenyl，简称Hexa-BB）又名六溴二苯或六溴代二苯，具有高度环境持久性，高度生物蓄积性，并具有很强的远距离环境迁移的能力。已通过POPs审查委员会第四次会议的审查，在2009年的缔约方大会上通过审查，正式增列到POPs公约受控名单。六溴联苯是一种有意生产的化学品，被用作阻燃剂。根据现有资料，数年前就已经停止了该物质的生产和使用。尽管如此，可能仍有一些发展中国家在生产。六溴联苯主要用于丙烯腈-丁二烯-苯乙烯（ABS）塑料和涂层电缆。

（6）六溴环十二烷。六溴环十二烷（hexabromocyclo-dodecane，简称HBCDD或HBCD）是溴系阻燃剂的一种，用作添加型阻燃剂，具有添加量低、阻燃效率高、无须辅助阻燃剂和对聚合物性能影响小等优点，被广泛用在电子电气、包装材料、纺织品、家具、黏合剂、涂料等产品中。常用于聚丙烯塑料和纤维、聚苯乙烯泡沫塑料的阻燃，也可用于涤纶织物阻燃后整理和维纶双面涂塑革的阻燃。

（7）多氯萘。多氯萘（polychlorinated naphthalene，简称PCNs），又称多氯萘、多氯化萘，最早合成于19世纪30年代，1910年开始商品化。20世纪80年代前，多氯萘被广泛用于电容器或变压器中的绝缘油，也可作为润滑油、电缆绝缘体、阻燃剂和增塑剂等应用于各产品中。查阅文献未发现我国多氯萘的历史生产记录，也没有多氯萘工业化的批量生产和使用记录，一般可认为我国不存在多氯萘的生产和使用行业。

（8）五氯苯酚及其盐类和酯类。20世纪30年代，五氯苯酚（pentachlorophenol，简称PCP）首先被作为木材防腐剂投入使用。此后，还被用作生物杀灭剂、杀虫剂、杀真菌剂、消毒剂、脱叶剂、防木材变色剂、抗微生物剂。目前，上述大部分用途已被逐步淘汰，仅有木材防腐用途（主要为电线杆和横担木防腐，还包括铁路枕木和室外建筑材料防腐等一些次要用途）。历史上，五氯酚钠在我国的用途主要为防治钉螺，防止血吸虫病的传播。

（9）短链氯化石蜡。氯化石蜡（CPs）是一组人工合成的直链正构烷烃氯代衍生物，其碳链长度为10 ～ 38个碳原子，氯代程度通常为30% ～ 70%（以质量计算）。国外一般按碳链长度将氯化石蜡分为3类：碳链长度为10 ～ 13个碳原子的为短链氯化石蜡（short-chained chlorinated paraffins，简称SCCPs），14 ～ 17个碳原子的为中链氯化石蜡（MCCPs），20 ～ 30个碳原子的为长链氯化石蜡（LCCPs）。在我国，氯化石蜡产品种类主要根据含氯量不同来划分，目前主要可分为氯化石蜡-42、氯化石蜡-52、氯化石蜡-70等品种。其中，氯化石蜡-52产能占行业整体的90%以上。由于SCCPs具有低挥发性、阻燃、电绝缘性良好、价廉等优点，可用作阻燃剂和聚氯乙烯助增塑剂。被广泛用于生产电缆料、地板料、软管、人造革、橡胶等制品以及用于涂料、润滑油等的添加剂。

（10）十溴二苯醚。十溴二苯醚（decabromodiphenyl oxide，简称BDE）是一种通用的添加型阻燃剂，被广泛应用在塑料/聚合物/复合材料、纺织品、黏合剂、密封剂、涂料和油墨等产品中。大部分BDE用在塑料/聚合物中，塑料/聚合物最终用途包括电脑和电视机的外壳、电线电缆、管道和地毯，用量通常在10%～15%。在纺织行业，BDE主要用于装饰品、百叶窗、窗帘、床垫、帐篷和交通工具内饰等纺织品背面的阻燃剂涂层，用量范围通常在7.5%～20%。也可在填充工艺和印刷工艺中应用于阻燃处理。此外，还可用于航空设备的胶黏剂、石油钻井平台工作人员消防制服反光胶带的黏合层和油墨中使用的涂料等。目前，中国是BDE最大的制造国和供应国。

（三）无意生产排放的副产品

（1）二噁英和呋喃（PCDD/Fs）。又称二氧杂芑，是具有含氧三环的氯代芳烃类化合物。二噁英实际上是二噁英类（dioxins）的简称，它并不是一种单一物质，而是结构和性质都很相似的包含众多同类物或异构体的两大类有机化合物。这类化合物的母核为二苯并对二噁英，具有经两个氧原子联结的二苯环结构，每个苯环上都可以取代1～4个氯原子，从而形成众多的异构体，两个苯环上的1，2，3，4，5，6，7，8，9位置上可有1～8个取代氯原子，由氯原子数和所在位置的不同，可组成75种异构体（或称同族体），总称多氯二苯-并-对-二噁英（polychlorinated dibenzo-p-dioxin，简称PCDDs），简称二噁英。经常与二噁英伴生，且与之具有十分相似的物理和化学性质及生物毒性的另一类物质是多氯二苯-并-呋喃（polychlorinated dibenzofuran，简称PCDFs），简称呋喃，它的氯代衍生物有135种。这两类污染物（合称PCDD/Fs）共计210种异构体。

这类物质非常稳定，熔点较高，极难溶于水，溶于大部分有机溶剂，是无色无味的脂溶性物质，易在生物体内积累。自然界的微生物和水解作用对二噁英的分子结构影响较小，因此，环境中的二噁英很难自然降解。它的毒性是氰化物的130倍、砒霜的900倍，有"世纪之毒"之称。国际癌症研究中心已将其列为人类一级致癌物。

二噁英常以微小的颗粒存在于大气、土壤和水中，主要的污染源是化工冶金工业、垃圾焚烧、造纸以及农药生产等产业。日常生活所用的塑料胶袋、PVC（聚氯乙烯）软胶等物品燃烧时便会释放出二噁英，悬浮于空气中。

所有PCDD/Fs化合物具有相似的物理和化学性质，皆为固体，均具有很高的熔点和沸点及很小的蒸气压，易被吸附于沉积物、土壤和空气中的颗粒物上。

（2）五氯苯。五氯苯（pentachlorobenzene）属氯苯类，是由苯或二氯苯、三氯苯氯化制取四氯苯时的副产物，也可由苯深度氯化得到的四氯苯、五氯苯和六氯苯的混合物经精馏、结晶分离得到。五氯苯常被用于制备五氯硝基苯。历史上，五氯苯曾被用作杀虫剂、阻燃剂，或是与多氯联苯混合用作绝缘液。在五氯硝基苯和其他一些农药如二氯吡啶酸、莠去津、百菌清、敌草索、林丹、五氯苯酚、氨氯吡啶酸和西玛津中，五氯苯作为一种杂质存在。五氯苯也可作为废物焚烧的副产物而间接排放到环境中，或存在于造纸厂、钢铁厂和炼油厂的废水中，以及废水处理厂的活性污泥中。在我国五氯苯没有作为农药生产和使用。

（3）六氯丁二烯。六氯丁二烯（hexachlorobutadiene，简

称HCBD）是一种脂肪族卤代烃，主要来源于生产氯化碳氢化合物时的副产物。六氯丁二烯有多种用途，包括在化学品生产过程中作为变压器液、液压液或热传导液的中间体。

四、氟虫胺

（一）氟虫胺在中国登记使用情况

PFOS在中国作为杀虫剂主要应用于防治红火蚁。在预防和灭治红火蚁药剂中，有且只有氟虫胺属于PFOS类物质。氟虫胺的化学名称为N-乙基全氟辛基磺酰胺，是一种昆虫能量代谢抑制剂，主要被配成饵剂用于蜚蠊、白蚁、红火蚁和蚂蚁的种群控制。氟虫胺原药主要由全氟辛基磺酰氟、乙胺、盐酸和相关溶剂反应合成。氟虫胺价格低廉、效果优良，被广泛应用于红火蚁的预防和灭治中，但使用含氟虫胺的饵剂会对环境和人畜健康造成持久性污染。

对现有已登记的12种防治红火蚁的农药技术和经济特征进行综合比较发现（表4-1）：氟虫胺制剂具有防治效果好、持效期长和价格相对便宜等优点，与其相当的是0.1%茚虫威杀蚁饵剂和0.05%茚虫威杀蚁饵剂，其次是0.1%高效氯氰菊酯杀虫粉剂，再次是1%氟蚁腙杀蚁饵剂。另外几种药剂中，0.73%氟蚁腙杀蚁饵剂、0.015%多杀霉素杀蚁饵剂和2.15%吡虫啉杀虫饵剂成本较高，效果一般；氟虫腈尽管效果不错，但它对甲壳类水生生物和蜜蜂具有高风险，我国自2009年4月1日起已限定其用于卫生害虫防治、玉米等部分旱田种子包衣。因此，以氟虫腈为有效成分的药剂使用也受到较大限制。就农药毒性而言，茚虫威、高效氯氰菊酯和氟蚁腙原药都属于WHO中等毒（Ⅱ级毒性）。考虑到这些药剂的制剂产品均属于低毒（Ⅲ级毒性），它们在红火蚁发生的很多其他国家被批准用于红火蚁防控，也被WHO推荐用作室内使用的卫生杀虫剂*。

表4-1　中国登记用于防控红火蚁的农药技术、经济特征分析

序号	农药名称	技术特征	防治成本	政策限制	制剂毒性分级	综合评价
1	1%氟虫胺杀蚁饵剂	效果好、速度快、持效期长	中	禁限用	Ⅲ	优
2	0.1%茚虫威杀蚁饵剂	效果好、速度快、持效期较长	中	无	Ⅲ	优
3	0.05%茚虫威杀蚁饵剂	效果好、速度快、持效期较长	中	无	Ⅲ	优
4	0.1%高效氯氰菊酯杀虫粉剂	效果好、速度快、持效期长、部分地区适用	低	无	Ⅲ	较优
5	1%氟蚁腙杀蚁饵剂	效果好、速度慢、持效期长	中	无	Ⅲ	良
6	0.73%氟蚁腙杀蚁饵剂	效果好、速度慢、持效期长	高	无	Ⅲ	良
7	0.015%多杀霉素杀蚁饵剂	效果一般、速度较快、不稳定	中	无	Ⅲ	中
8	2.15%吡虫啉杀虫饵剂	效果一般、速度慢	中	无	Ⅲ	中

* 参见世界卫生组织（WHO）的《防治重要媒介生物的卫生杀虫剂农药及其应用》2006年第6版（WHO/CDS/NTD/WHOPES/GCDPP/2006.1）中公布的卫生杀虫剂农药名单，茚虫威的毒性比高效氯氰菊酯低，但未纳入推荐名单。

（续）

序号	农药名称	技术特征	防治成本	政策限制	制剂毒性分级	综合评价
9	0.05%氟虫腈杀蚁饵剂	效果好、速度快	中	禁限用	III	中
10	0.55%氟虫胺·氟虫腈杀蚁饵剂	效果好、速度快、持效期长	中	禁限用	III	中
11	0.3%氟虫腈杀蚁饵剂	效果好、速度快	中	禁限用	III	中
12	0.05%氟虫腈杀蚁饵剂	效果好、速度快	中	禁限用	III	中

（二）氟虫胺使用现状分析

　　根据统计，中国在红火蚁防控方面年均使用含PFOS的氟虫胺制剂28吨左右，占红火蚁防控总用药量的18.8％。尽管数量不大，在红火蚁防控方面出现较晚，但该药剂效果好和成本低，在竞争激烈的市场中具有较大优势，占据了相当的份额。可以预期，如不考虑其环境负面效应，今后氟虫胺使用量和所占比重都会显著上升。据测算，如果没有有力的替代措施，2025年红火蚁防控方面氟虫胺用量将达到150 ～ 200吨，比当前增加120 ～ 170吨。如此大量的氟虫胺用于广阔开放的自然空间，而且红火蚁防控用药又具有点多面广、直接向环境释放等特点，所以必将导致严重的环境问题。因此，必须加快氟虫胺在红火蚁防控领域的淘汰与替代。

（三）氟虫胺在我国淘汰和替代分析

在组织方面，就我国目前的红火蚁防控实践而言，政府资金和政府部门承担着重要职责，是防控工作的主要力量，发挥着决定性作用。政府部门对POPS履约工作认识到位，为氟虫胺淘汰创造了较好的体制基础。在药剂方面，现有药剂中茚虫威和氟蚁腙制剂在性价比方面与氟虫胺相当甚至略优，使针对氟虫胺的淘汰和替代工作有必要的物质基础和现实可能。

第五章
中国PFOS优先行业削减与
淘汰项目红火蚁防治子项目介绍

　　为推动我国全氟辛基磺酸及其盐类以及全氟辛基磺酰氟的淘汰与替代工作，生态环境部环境保护对外合作中心与世界银行合作开发了"中国PFOS优先行业削减与淘汰项目"（简称"PFOS项目"），旨在帮助中国履行POPs公约中有关PFOS的相关义务，即2019年3月实现特定豁免用途优先行业的淘汰和替代，在可接受用途的优先领域引入最佳实用技术/最佳环境实践（BAT/BEP）应用。PFOS类物质氟虫胺被登记用于红火蚁防治，该用途属于POPs公约中的特定豁免用途，根据要求，我国应在2019年3月25日之前彻底淘汰氟虫胺的生产和使用。为按期实现氟虫胺在红火蚁防治领域的淘汰和替代，PFOS项目设立了红火蚁防治子项目。项目实施内容包括示范区建设、国家能力建设、强化公共宣传和组织防控技术培训等几个方面，具体内容如下。

一、示范区建设

　　在已经使用氟虫胺或具有潜在使用可能的地区，建立红火蚁综合防控示范区，选择适宜的替代药剂，集成科学的防控技术方法，展示非PFOS药剂对红火蚁的防控效果，推动氟虫胺淘汰。

（一）规划协调

全国农技中心将承担全面规划协调的任务。具体任务如下。

（1）制定总体及年度建设规划，明确总体及年度示范区区域选址、建设内容、参与单位、人员组成、主要任务、预算分配、时间计划和预计产出等内容。

（2）制定示范区综合防控技术方案，细化示范区红火蚁检疫监管措施，突出非PFOS药剂替代产品、技术的应用。

（3）制定总体及年度实施和评估方案，细化明确示范区建设任务的时间节点和任务产出，适时组织专家对示范区建设实施情况进行督导检查，评估示范效果，研讨改进措施。

（4）组织报告编制，以省份为单位，组织示范区建设参与有关人员，汇总分析示范区施药及监测调查数据，形成年度中期和全年的示范区建设成效报告。在此基础上，组织有关专家，进行统一的汇总分析，完成年度及总体的示范成效报告。

（5）制定全国推广方案，根据第一年示范区建设的总体情况，组织专家实地考察，制定示范区后期成果可持续方案，研讨切实可行的推广方法，明确在全国范围内推广氟虫胺替代药剂的思路、目标任务和具体措施，提升示范区带动引领作用。

广东、福建、广西、海南和贵州等省份省级植物检疫机构组织相关县（市）植物检疫机构，负责建立红火蚁防控示范区。广东、福建和广西每年各设置不少于2个示范区，海南和贵州每年各设置不少于1个示范区，每个示范区面积应不低于500亩。项目将支持4年的示范活动，建议每年示范区选择在不同的县（市）或同一县（市）的不同地区，以取得更大的示范覆盖面积和更好的带动效应。

（二）组织实施

全国农技中心负责示范区建设的指导、督促和检查，广东、广西、福建、海南和贵州等省份省级植保植检站和示范区所在市（县）级植保植检机构负责示范区各项任务的具体实施。各示范区将按照工作规划、防控技术方案开展工作，采用新二阶段处理法的红火蚁防控技术方案，选用非PFOS类的茚虫威、氟蚁腙和高效氯氰菊酯等红火蚁防控药剂，采取毒饵诱杀、粉剂灭巢等防控技术，有条件的地方采用无人机施药等新型防控手段，探索专业化防控组织实施防控的组织模式，示范展示非PFOS药剂的防控效果。

在示范区内，主要依据《红火蚁疫情监测规程》（GB/T 23626—2009）开展红火蚁防治效果调查，重点明确红火蚁发生分布范围、活蚁巢数量、工蚁密度和危害程度等信息。开展PFOS替代效果调查。以人工访问调查进行，主要是向当地居民、农事操作人员、绿化植被维护人员、医务人员、社区/行政村和企事业单位管理人员了解在示范区内氟虫胺历史使用情况，记录近三年（该示范区红火蚁发生时间不足三年的按实际情况计）在该示范区内防治红火蚁使用的药剂种类和数量。

（三）总结评估

全国农技中心负责全国示范区建设工作评估总结，广东、广西、福建、海南和贵州等省份省级植保植检站和示范区所在市（县）级植保植检机构负责各自示范区工作评估总结。各示范区评估工作按照评估方案进行，重点评价示范区内PFOS替代效果、红火蚁防控效果、示范区的示范带动效果。具体执行方式和关键措施如下。

1.评估方法　各示范区红火蚁防控效果根据发生分布范围调查、活蚁巢密度（数量）调查、工蚁密度调查和危害程度调查结果进行综合评价。PFOS替代效果根据示范区建设前后氟虫胺使用数量比较进行评价。示范区的示范带动效果根据依托示范区培训情况（次数、人数），对周边区域的影响（周边人员的了解情况）等进行评价。

2.红火蚁控制效果评估　红火蚁防控效果指标分为2个。

（1）防治效果，依照《农药　田间药效试验准则（二）第149部分：杀虫剂防治红火蚁》（GB/T 17980.149—2009）标准中的"药效计算方法"，根据防控前后活蚁巢密度（数量）和工蚁密度调查结果，计算防治效果，活蚁巢防治效果、工蚁防治效果达到95%及以上的为优秀，85%～94%为良好，70%～84%为中等，70%以下为差。

（2）控害水平，结合防治效果、发生分布范围调查和危害程度调查结果，按照疫情发生危害程度，将示范区控害水平分为3个水平。

①未控制危害水平。防治效果为中等或差的、发生分布范围扩大或危害程度加重的，则该示范区属于未控制危害水平。

②基本控制危害水平。防治效果为良好的、发生分布范围未扩大或危害程度未加重的,则该示范区达到基本控制危害水平。

③较好控制危害水平。防治效果为优秀的、发生分布范围较少或危害程度减轻的,则该示范区达到较好控制危害水平。

3.替代效果评估 根据PFOS替代效果调查结果,与示范期间使用红火蚁防治药剂进行对比,对示范区内PFOS替代效果进行评估。

4.示范区带动效果评估 结合示范区在实施区域的代表性信息,包括位置、面积、环境代表性等,统计依托示范区开展的培训次数、人数等信息,调查示范区周边区域乡镇干部、农户对PFOS替代和红火蚁防治工作的了解程度,对示范区的带动效果进行评估。

二、国家能力建设

在总结示范区工作经验和替代效果的基础上,借鉴国际相关工作经验,组织有关单位和专家共同研究制定红火蚁防控行业标准、技术方案,推荐不含PFOS的防控药剂名录及使用方法,开展有害生物防控方面PFOS药剂淘汰政策研究,从管理政策和行业约束两个方面,推动含PFOS药剂的淘汰和替代工作。

(一)修订《红火蚁化学防控技术规程》

修订农业行业标准《红火蚁化学防控技术规程》。新修订标准主要内容是,针对红火蚁不同发生程度、不同环境条件,制定并完善相应的防控技术方法,将毒饵防控、粉剂灭巢、新二阶段防治方法等技术方法使用的环境条件进行区分细化，删除其中有关农药氟虫胺的内容，增补其他适用的农药及施药技术，完善防控效果评价标准。

（二）制定《红火蚁防控技术方案》

在2005年农业部发布的《红火蚁疫情防控应急预案》的基础上，结合示范区最新技术成果，针对当前我国红火蚁发生防控新形势，研究制定《红火蚁防控技术方案》。重点是明确全国红火蚁防控阻截总体思路，坚持"预防为主，综合防治"的植保方针，建立"政府主导、属地责任、联防联控"的防控机制，实行"分类指导、分区治理、标本兼治"的防控策略，大力开展红火蚁疫情阻截防控，统一使用科学的防控技术方法，在达到遏制其扩散蔓延、减轻危害程度的同时，降低PFOS药剂的使用风险。

（三）制定《红火蚁防控药剂指导名录及使用方法》

加强红火蚁防控药剂的筛选和试验，依托项目示范研究成果，制定《红火蚁防控药剂指导名录及使用方法》，指导各地选用适宜药剂、科学使用药剂，达到预期防控目标。

（四）开展红火蚁等检疫性有害生物防控用药登记情况国际比较研究

重点收集美国、澳大利亚等国家开展红火蚁等检疫性有害生物用药登记情况资料，切实了解其红火蚁防控实际用药情况、农药登记情况、农药经营销售情况等，根据研究结果推动制度调整，加快红火蚁防控方面PFOS替代药剂的登记，在此基础上提出我国检疫性有害生物防控药剂登记的政策建议，破解检疫性有害生物用药难题，并对我国的植物疫情防控工作起到长期的推动作用。

（五）开展淘汰支持政策研究

重点提出PFOS替代药剂筛选、登记、使用补贴、生产企业转产补贴等政策，提出"中央、地方共同负担"的疫情防控资金支持政策，建立"政府出钱、防控组织实施、检疫机构检查"的疫情防控组织等政策建议。

（六）举办系列研讨会

1.红火蚁防控与氟虫胺替代研讨会　收集整理各个示范区项目建设开展情况，总结各地工作经验，汇总分析相关数据，组织专家进行红火蚁防控与氟虫胺替代前期研讨交流。在此基础上，举办红火蚁防控与氟虫胺替代研讨会，邀请农药管理部门、红火蚁防控研究单位相关专家、主要发生区防控物资采购人员和防控工作负责人，共同研讨红火蚁防控技术新进展、PFOS在红火蚁防控领域淘汰战略和相关的政策支持措施。

2.农药监管能力研讨会　收集整理各个示范区项目建设开展情况，总结农药科学使用经验，汇总分析各有关省份红火蚁防控农药使用数据，组织专家进行加强农药监管能力前期研讨交流。在此基础上，举办增强农药监管能力研讨会，共同研讨红火蚁等重大疫情防控农药管理方面存在的问题与解决办法，探讨强化农药监管能力的政策建议。

三、强化公众宣传

在示范区建设和技术集成的基础上，组织有关专家制作宣传专题片、挂图，出版相关书籍，通过电视、纸媒、网络等多种途径，在红火蚁发生区或潜在发生区广泛宣传红火蚁识别、防控技术以及含PFOS的化学农药危害等科学知识，提高社会公众对PFOS替代工作的认识水平和支持程度。

（一）拍摄《红火蚁危害与防控》专题片

收集整理各个示范区项目建设开展情况并进行总结，形成一定的素材。在2010年红火蚁专题片以及类似环保宣传动画的基础上，组织拍摄《红火蚁危害与防控》专题宣传片，宣传片长度3～5分钟。重点宣传红火蚁发生危害特征、检疫控制措施、防控技术方法、防控红火蚁使用PFOS药剂可能造成的危害等。

（二）编印红火蚁防控宣传挂图

收集整理各个示范区项目建设开展情况并进行总结，形成一定的素材，组织编印《认识红火蚁》与《防控红火蚁》宣传挂图。以直观的图片和简要的文字形式，重点宣传红火蚁识别、防控、应急处置等知识，以及防控红火蚁使用PFOS药剂可能造成的危害等。在重点地区悬挂张贴挂图，向广大群众进行宣传，有效提高我国红火蚁监测防控水平。

（三）编印《红火蚁防控知识问答》

收集整理各个示范区项目建设开展情况并进行总结，形成一定的素材，组织有关专家编印《红火蚁防控知识问答》书籍。全面介绍红火蚁识别、监测、防控、预防、控制、阻截等技术措施，植物疫情监管法律法规要求，推荐红火蚁防控适宜药剂和防控技术方法，为基层农业行政管理、植物检疫机构人员开展红火蚁防控提供技术指导。

（四）建立项目宣传网站

全国农技中心将在单位门户网站和全国植物检疫信息化管理平台建立子网站或子模块，全面介绍红火蚁识别、监测、防控、预防、控制、阻截等技术措施，植物疫情监管法律法规要求，推荐红火蚁防控适宜药剂和防控技术方法，项目工作动态和进展等。通过网站构建网络互动平台，宣传PFOS淘汰项目，扩大项目社会影响力，并普及病虫害防控方面的环保知识。

四、组织防控技术培训

红火蚁是全国农业植物检疫性有害生物，地方各级政府和农业管理部门在防控工作中担负主要责任。在红火蚁发生地区组织开展省、市、县不同层级的大范围培训，能够将红火蚁综合防控技术方案、替代药剂使用方法以及含PFOS农药替代要求迅速传达到防控一线，以保证政策、技术落实到位。

全国农技中心组织各项目省份省级植保植检部门和有关专家制定培训大纲，主要内容包括红火蚁监测防控相关法律法规，红火蚁的识别特征、危害情况与综合防控技术，PFOS替代药剂特性及使用注意事项，含PFOS化学药剂的危害及替代政策要求等。防控技术培训工作主要由各项目省份省级植保植检部门组织，相关市、县级植保植检机构具体实施，全国农技中心和生态环境部对外合作中心提供支持指导。

技术培训采用分级培训的方式开展，覆盖全国所有红火蚁发生区。项目实施期内，共举办一级培训35期，由相关省级植物检疫机构组织实施，主要依托红火蚁防控示范区举办，重点针对省、市、县级农业行政管理和植保植检技术人员，培训人数不少于1 750名。举办二级培训753期，由相关省、市、县各级地方政府、植物检疫机构或依托社会化服务组织实施，重点针对示范省份各红火蚁发生县乡镇干部、村干部，红火蚁防控实施工作人员和部分农户，培训人数不少于38 000名。

第六章
红火蚁防控技术方案

红火蚁防控总体思路是坚持"预防为主，综合防治"的植物保护方针，建立"政府主导、属地责任、联防联控"的防控机制，实行"分类指导、分区治理、标本兼治"防控策略。严格进行红火蚁疫情检疫监管，在示范区内统一实施科学的施药技术方法，在达到遏制其扩散蔓延、减轻危害程度的同时，杜绝PFOS类药剂氟虫胺的使用。根据中国PFOS优先行业削减与淘汰项目红火蚁防治子项目要求，针对示范区红火蚁发生防控形势和科学用药要求，制定本方案。方案分为监测调查、药剂施用、药剂运输及保存、检疫控制和效果评估五个方面。

一、监测调查

在示范区内，依据《红火蚁疫情监测规程》（GB/ T 23626—2009）开展红火蚁监测调查，重点明确红火蚁发生分布范围、活蚁巢数量、工蚁密度和危害程度等信息。调查结果作为制定示范区红火蚁防治计划、评估防治效果的依据。

（一）发生分布范围调查

在示范区确定时和所有防控任务完成后各调查一次发生分布范围，以人工踏查为主，结合诱捕器诱集进行。人工踏查时，应由红火蚁发生中心区域向外所有方向上作连续踏查，确定最外边的活蚁巢位置（图6-1）。调查结束后将所有最外围的活蚁巢连成一线，其中所包含的区域即为发生区范围。对活蚁巢数量较少、人工踏查有困难的地方，可结合诱捕器诱集，即在示范区内均匀设置工蚁诱捕器，对诱集到活动工蚁的地点周边重点进行人工踏查。每次发生分布调查结束后应绘制示范区红火蚁发生分布示意图，对比发生区域，作为确定防治效果的指标之一。

图6-1　人工踏查红火蚁蚁巢
（引自陆永跃，2017）

（二）活蚁巢密度（数量）调查

在每次防治前后各调查一次活蚁巢密度（数量）。蚁巢密度调查采取抽样调查，抽样面积20亩以上。根据示范区具体地形情况，由发生区中心向外在东南西北四个方向或者其他合适的方向上选择具代表性的不同生境，如农田、荒地、林地、房前屋后、绿化带等，每个生境调查3个点以上，每个点面积不小于2 000米^2。无法确定发生区中心的，随机选择具代表性的不同生境。调查方式为人工踏查。当发现疑似蚁巢时，应采用适当方式进行侵扰，观察是否有活工蚁，如有则为活蚁巢，对活蚁巢进行标记（图6-2）。调查结束后应记录调查面积、活蚁巢数量，并用统计学方法计算示范区内活蚁巢密度。对发生区蚁巢密度较低的，应进行活动蚁巢数量调查，即示范区全面普查，调查方式同蚁巢密度调查。活蚁巢密度（数量）调查结果作为确定防治效果的指标之一，调查结果记入表6-1。

表6-1 活蚁巢密度调查记录表

示范区名称：

调查时间	生境类型	调查面积（亩）	活蚁巢数（个）	活蚁巢密度（个/亩）

图6-2　标记红火蚁蚁巢
(引自陆永跃，2017)

（三）工蚁密度调查

在每次防治前后各调查一次工蚁密度。工蚁密度调查采取诱捕器诱集。结合活蚁巢密度（数量）调查，在抽样区内（或整个示范区内）设置诱捕器，诱捕器用新鲜的火腿肠作为诱饵。将火腿肠切成厚1厘米、直径2厘米的薄片，放入专用或自制的监测瓶中，固定在地面上进行诱集（图6-3）。每个抽样区随机放置10个监测瓶（整个示范区应随机放置100个以上），瓶间距10米，可按线状放置，也可按栅格状放置。放置30分钟后检查、收集监测瓶中的蚂蚁，进行鉴定和计数，并计算工蚁密度（头/瓶）。工蚁密度调查结果作为确定防治效果的指标之一，调查结果记入表6-2。

表6-2　工蚁密度调查记录表

示范区名称：

调查时间	生境类型	监测瓶数量（瓶）	工蚁数量（头）	工蚁密度（头/瓶）

图6-3　调查工蚁密度
(引自陆永跃，2017)

（四）危害程度调查

在示范区确定时和所有防控任务完成后各进行一次危害程度调查。以人工访问进行调查，主要是向当地居民、农事操作人员、绿化植被维护人员、医务人员、社区/行政村和企事业单位管理人员等了解在示范区内被红火蚁蜇刺的人口数量，以及出现局部红斑、皮疹、全身瘙痒、头晕、发热、心跳加快、呼吸困难、无法说话、胸痛等各种类型症状的人口数量，以判断当地红火蚁入侵对人体健康危害的程度和风险。危害程度调查结果作为确定防治效果的指标之一。

（五）发生程度指标

根据红火蚁疫情监测调查结果，计算出示范区活蚁巢平均密度和工蚁平均密度，按照以下标准确定红火蚁疫情发生程度级别。该标准适用于多蚁后型红火蚁发生区。

1.活蚁巢密度分级标准

（1）一级：轻度发生，平均每 $1\,000$ 米^2 活蚁巢数为 $0 \sim 1.0$ 个。

（2）二级：中度发生，平均每 $1\,000$ 米^2 活蚁巢数为 $1.1 \sim 5.0$ 个。

（3）三级：中度偏重发生，平均每 $1\,000$ 米^2 活蚁巢数为 $5.1 \sim 10.0$ 个。

（4）四级：重度发生，平均每 $1\,000$ 米^2 活蚁巢数为 $10.1 \sim 100$ 个。

（5）五级：严重发生，平均每 $1\,000$ 米^2 活蚁巢数大于 100 个。

2.工蚁密度分级标准

（1）一级：轻度发生，平均每监测瓶红火蚁工蚁数量为 20 头及以下。

（2）二级：中度发生，平均每监测瓶红火蚁工蚁数量为 $21 \sim 100$ 头。

（3）三级：中偏重发生，平均每监测瓶红火蚁工蚁数量为 $101 \sim 150$ 头。

（4）四级：重度发生，平均每监测瓶红火蚁工蚁数量为
151～300头以上。

（5）五级：严重发生，平均每监测瓶红火蚁工蚁数量为
300头以上。

二、药剂施用

各示范区应选用非PFOS类的茚虫威、氟蚁腙等饵剂和高
效氯氰菊酯等粉剂。按照示范区药剂试验安排，根据监测调查
结果确定的发生程度，采用新二步防治法。有条件的地方采用
电动播撒器播撒、无人机施药等新型施药手段，探索组织实施
专业化防控模式，示范展示非PFOS药剂对红火蚁的防控效果。

（一）药剂要求

1.饵剂　总体要求：高效、低毒、安全，引诱力强，用
药量小，易于贮存，药剂为大小适度、较为均匀的颗粒状。

（1）登记的防治对象：红火蚁。

（2）剂型：饵剂。

（3）有效成分：茚虫威、氟蚁腙，含量≥0.1%，不含有
国家所规定的大田限用或禁用成分。

（4）三证齐全：农药登记证、农药生产许可证或生产批准
文件、产品质量标准齐备，并在登记有效期限内。

2.粉剂　总体要求：高效、低毒、安全，高黏附性，用
药量小，具防水性，易于贮存。

（1）登记的防治对象：红火蚁。

（2）剂型：粉剂。

（3）有效成分：高效氯氰菊酯，含量≥0.1%；不含有国家所规定的大田限用或禁用成分。

（4）三证齐全：农药登记证、农药生产许可证或生产批准文件、产品质量标准齐备，并在登记有效期限内。

（二）药剂安排

示范区防控红火蚁药剂安排见表6-3。

防控药剂以项目统一采购为主，缺口部分由地方配套自行采购，但应确保使用不含PFOS的药剂。每次防治后，需要详细记录施药时间、药剂种类、使用剂量、防治面积等信息。

表6-3　示范区药剂安排

省份		2018年药剂安排		2019年药剂安排		2020年药剂安排		2021年药剂安排
广东	示范区1	茚虫威+高效氯氰菊酯	示范区1	茚虫威+高效氯氰菊酯	示范区1	茚虫威+高效氯氰菊酯	示范区1	茚虫威+高效氯氰菊酯
	示范区2	氟蚁腙+高效氯氰菊酯	示范区2	氟蚁腙+高效氯氰菊酯	示范区2	氟蚁腙+高效氯氰菊酯	示范区2	氟蚁腙+高效氯氰菊酯
广西	示范区1	茚虫威+高效氯氰菊酯	示范区1	茚虫威+高效氯氰菊酯	示范区1	茚虫威+高效氯氰菊酯	示范区1	茚虫威+高效氯氰菊酯
广西	示范区2	氟蚁腙+高效氯氰菊酯	示范区2	氟蚁腙+高效氯氰菊酯	示范区2	氟蚁腙+高效氯氰菊酯	示范区2	氟蚁腙+高效氯氰菊酯

（续）

省份	2018年药剂安排		2019年药剂安排		2020年药剂安排		2021年药剂安排	
福建	示范区1	茚虫威+高效氯氰菊酯	示范区1	茚虫威+高效氯氰菊酯	示范区1	茚虫威+高效氯氰菊酯	示范区1	茚虫威+高效氯氰菊酯
	示范区2	氟蚁腙+高效氯氰菊酯	示范区2	氟蚁腙+高效氯氰菊酯	示范区2	氟蚁腙+高效氯氰菊酯	示范区2	氟蚁腙+高效氯氰菊酯
海南	示范区	茚虫威+高效氯氰菊酯	示范区	氟蚁腙+高效氯氰菊酯	示范区	茚虫威+高效氯氰菊酯	示范区	氟蚁腙+高效氯氰菊酯
贵州	示范区	氟蚁腙+高效氯氰菊酯	示范区	茚虫威+高效氯氰菊酯	示范区	氟蚁腙+高效氯氰菊酯	示范区	茚虫威+高效氯氰菊酯

（三）可选药剂

示范区应选用已登记的茚虫威、氟蚁腙和高效氯氰菊酯等药剂，相关信息见表6-4。

表6-4　登记用于防治红火蚁的农药

（截至2018年6月4日，除去氟虫胺、氟虫腈成分）

序号	登记证号	农药名称	毒性	制剂用药量及施用方法	有效期	生产企业
1	WP20140218	0.1%茚虫威杀蚁饵剂	低毒	15～20克/巢，投放	2019-08-27	安徽喜丰收农业科技有限公司
2	WP20160024	0.05%茚虫威杀蚁饵剂	微毒	15～25克/巢，环状撒施于蚁巢附近	2021-02-28	安徽康宇生物科技工程有限公司

（续）

序号	登记证号	农药名称	毒性	制剂用药量及施用方法	有效期	生产企业
3	WP20160031	0.045%茚虫威杀蚁饵剂	低毒	4~6克/巢，环状撒施于蚁巢附近	2021-04-26	广东真格生物科技有限公司
4	WP20170050	0.05%茚虫威杀蚁饵剂	低毒	20~25克/巢，投饵	2022-05-31	江苏省南京荣诚化工有限公司
5	WP20170064	0.1%茚虫威杀蚁饵剂	低毒	15~20克/巢，环状撒施于蚁巢附近	2022-07-19	开平市达豪日化科技有限公司
6	WP20180028	0.05%茚虫威杀蚁饵剂	低毒	20~25克/巢，环状撒施	2023-02-08	江苏功成生物科技有限公司
7	WP20180070	0.045%茚虫威杀蚁饵剂	低毒	20~25克/巢，环状撒施于蚁巢附近	2023-04-17	深圳诺普信农化股份有限公司
8	WP20180005	1%茚虫威·多杀霉素杀蚁饵剂	低毒	25~50克/巢，环状撒施于蚁巢附近	2023-01-14	广东佛山市盈辉作物科学有限公司
9	WP20130203	1%氟蚁腙杀蚁饵剂	微毒	15~25克/巢，投放	2018-09-25	北京市隆华新业卫生杀虫剂有限公司
10	WP20140140	0.73%氟蚁腙杀蚁饵剂	低毒	25~50克/巢，投放	2019-06-17	巴斯夫欧洲公司
11	WP20140238	1%氟蚁腙杀蚁饵剂	微毒	15~20克/巢，投放	2019-11-15	武汉市拜乐卫生科技有限公司
12	WP20170057	1%氟蚁腙杀蚁饵剂	低毒	15~25克/巢，投放	2022-07-19	浙江天丰生物科学有限公司
13	WP20170117	0.73%氟蚁腙杀蚁饵剂	低毒	20~25克/巢，投放	2022-09-18	江苏省南京荣诚化工有限公司

(续)

序号	登记证号	农药名称	毒性	制剂用药量及施用方法	有效期	生产企业
14	WP20170102	1%氟蚁腙杀蚁饵剂	微毒	15~20克/巢，撒施	2022-09-18	安徽喜丰收农业科技有限公司
15	WP20170153	1%氟蚁腙饵剂	微毒	15~20克/巢，撒施	2022-12-19	广西柳州市万友家庭卫生害虫防治所
16	WP20170149	1%氟蚁腙杀蚁饵剂	低毒	15~30克/巢，投放	2022-12-19	广东省广州市中达生物工程有限公司
17	WP20150113	2.05%氟蚁腙·吡虫啉杀虫饵剂	低毒	40~60克/巢，投放	2020-06-26	洛阳派仕克农业科技有限公司
18	WP20170102	1%氟蚁腙杀蚁饵剂	微毒	15~20克/巢，撒施	2022-09-18	安徽喜丰收农业科技有限公司
19	WP20090235	0.1%高效氯氰菊酯杀虫粉剂	低毒	10~20克/巢，撒施	2019-04-16	安徽喜丰收农业科技有限公司
20	WP20090020	0.6%高效氯氰菊酯杀虫粉剂	低毒	10~20克/巢，环状撒施于蚁巢附近	2019-01-08	江苏功成生物科技有限公司
21	WP20170083	0.2%高效氯氰菊酯杀虫粉剂	低毒	10~20克/巢，撒施	2022-08-21	开平市达豪日化科技有限公司
22	WP20080048	8%高效氯氰菊酯可湿性粉剂	低毒	8.3~16.7克/巢，淋灌法	2023-03-04	江苏功成生物科技有限公司
23	WP20180045	0.2%高效氯氰菊酯杀蚁粉剂	低毒	30~40克/巢，投放	2023-02-08	广东省佛山市盈辉作物科学有限公司

（四）施药技术

应根据示范区气候条件确定防治适期。每年因地制宜至少开展 2 ~ 3 次防治工作。具体施药次数根据示范区红火蚁发生情况确定，其中，第一次必须为全面防控。药剂防治应注意把握以下 3 个要点：一全面，应对示范区所有区域、所有蚁巢、所有工蚁活动点实施防治；二到位，准确把握药剂施用技术、环境影响因素，确保防治到位；三连续，应连续开展监测、评估和防治补治。主要防治措施包括毒饵防治法、粉剂灭巢法和新二步防治法。

1. 毒饵防治法　防治红火蚁的首要目标是杀灭红火蚁后，进而灭除整个蚁群。一般采用红火蚁喜欢的食物和微量的药剂混合制成毒饵。撒施毒饵后，红火蚁会不断把毒饵搬回蚁巢，通过"交哺"，48 ~ 72 小时内将药剂逐步传至幼虫、其他工蚁、生殖蚁乃至蚁后，传布至蚁群大部分个体，达到灭杀整个蚁群的目的。毒饵的作用方式是慢性胃毒，加上"交哺"所需时间，诱杀比较慢，一般毒饵 10 ~ 15 天才能显现防治效果。

当发生区蚁巢明显且密度较低时，可对单个蚁巢进行处理。在蚁巢密度大、分布普遍的红火蚁严重发生区域可采用单个蚁巢处理与普遍撒施毒饵相结合的方法，以提高防治效果。使用毒饵时气温 21 ~ 34℃或者地表温度 22 ~ 36℃，地面应较干燥，使用后 6 小时内无降雨，并且尽量在红火蚁活动觅食时间施用。根据制剂使用说明和蚁巢密度、工蚁密度确定毒饵用量。多蚁后型发生区具体毒饵制剂用药量参考如下标准：中度发生时，制剂用药量为 100 克/亩；中度偏重发生时，制剂用药量为200克/亩；重度发生时，制剂用药量为500克/亩；严重发生时，制剂用药量为1 000克/亩。

（1）单个蚁巢处理。适用于活蚁巢密度较小、分布较分散，且诱饵诱集工蚁数量较少的发生区，疫情一般为轻度发生到中度发生。在距蚁巢10～50厘米处点状或环状撒施毒饵，注意不要扰动蚁巢（图6-4）。根据活蚁巢大小和毒饵使用说明确定用药量，一般直径为20～40厘米的蚁巢使用推荐用药量的中间值，小于20厘米或大于40厘米的蚁巢分别使用推荐用药量的下限值和上限值。

（2）普遍撒施毒饵。适用于蚁巢密度较大、分布普遍，或者采用诱饵法普遍诱集到工蚁，但较少发现活蚁巢的发生区，疫情一般为中偏重发生到严重发生。撒施毒饵时要覆盖发生区的所有地点。除了手工撒施饵剂外，在合适的区域组织人力，采用各种撒施器械大范围撒施毒饵，工作效率可提高至每人每天200～300亩，适合于较大范围区域的防控（图6-5）。

图6-4　处理单个蚁巢
(引自陆永跃，2017)

图6-5　普遍撒施毒饵

(引自陆永跃，2017)

（3）补施毒饵。在使用毒饵防治红火蚁后，根据调查监测结果对活蚁巢和诱集到工蚁的地点补施饵剂。一般采用围绕这些地点小范围点施的方法。处理活蚁巢时毒饵制剂的用药量同单个蚁巢处理，处理诱集到工蚁的地点按制剂推荐用药量的下限值使用。

2.粉剂灭巢法　只能用于防治较明显蚁巢，不适合防治散蚁、不明显蚁丘。在气温高于15℃时使用，应破坏蚁巢地面以上大于或等于1/3的部分（蚁丘），温度越低，破坏蚁巢程度应越大。破坏蚁巢后，待工蚁大量涌出后迅速将药粉均匀撒施于工蚁身上，撒药要细致、快速，务必使药粉尽量多地粘到蚂蚁身上，避免在下雨、地面湿润、风力较大时施药。

药剂使用量根据蚁巢大小和产品使用说明确定，一般直径为20 ~ 40厘米的蚁巢使用推荐用量的中间值，小于20厘米或大于40厘米的蚁巢分别使用推荐用量的下限值和上限值。

3. 新二步防治法　新二步防治法具体为：第一步是全面防治，在红火蚁高密度发生区域全面撒施毒饵，在低密度发生区域局部点状施用毒饵，在蚁巢明显、易到达区域施用粉剂灭巢；第二步是重点防治，在活蚁巢和工蚁分布地点补施毒饵，或者补施粉剂灭治明显蚁巢。本项目选用的茚虫威饵剂、高效氯氰菊酯粉剂使用15天后进行补治，氟蚁腙饵剂使用1个月后再进行补治。

（五）注意事项

（1）施药操作人员要做好防护工作，避免被红火蚁蜇伤或农药中毒。

（2）在施药区应插上明显的警示牌避免造成人、畜中毒或其他意外。

（3）在公共场所、住宅区等人群活动较频繁的发生区域要注意选择使用安全低毒的药剂，施药时要避开人流高峰，尽量减少对环境的影响。

（4）在水源保护区、观光旅游区、文化公园等区域使用农药防治红火蚁时要注意选择药剂种类，防止对有益生物的杀伤和环境污染。

三、药剂运输及保存

（一）对农药使用环境和终端使用者的风险控制

茚虫威、氟蚁腙、高效氯氰菊酯均具有一定的环境风险（表6-5），如在不应使用相关药剂的场所使用，或者在雨天使用导致药剂被冲入水体，或者药剂用量过大导致大量农药残留在地表等，都会给水生生物等造成危害。为避免使用不当给生态系统造成不利影响，项目示范区应选择在远离水源的区域，而且要选在晴天施药。防控红火蚁靶标针对性强，药剂飘移和施药者吸入风险较低，但如果操作不当，导致药剂溅入眼睛或不慎吸入也会对终端使用者造成伤害。为有效保护终端使用者身体健康，项目示范区应聘请专业防治组织施用农药，或对施药作业的工作人员进行相应的技术培训，确保施药人员穿戴必要的防护装备，掌握并遵循正确的施药方法。

表6-5　茚虫威、高效氯氰菊酯和氟蚁腙的环境风险

有效成分名称	环境风险
茚虫威	对鱼类等水生生物、蜜蜂和家蚕有毒。水产养殖区、河塘等水体附近禁用。蜜源作物花期、鸟类保护区、蚕室和桑园附近禁用。禁止在河塘等水体中清洗施药器具
高效氯氰菊酯	对鱼类等水生生物、蜜蜂和家蚕有毒。水产养殖区、河塘等水体附近禁用。蜜源作物花期、蚕室和桑园附近禁用。禁止在河塘等水体中清洗施药器具
氟蚁腙	对鱼类等水生生物、蜜蜂和家蚕有毒。水产养殖区、河塘等水体附近禁用，蜜蜂养殖区、蚕室和桑园附近禁用，禁止在河塘等水体中清洗施药器具

（二）对农药运输、贮存和分销的风险控制

1. **存在的风险**　茚虫威、氟蚁腙饵剂，以及高效氯氰菊酯粉剂在运输、贮存、分销过程中相对安全。但如果处置不当，也具有一定的风险，主要包括以下几个方面。

（1）燃烧的风险。高效氯氰菊酯粉剂易燃，不可接近火源。

（2）中毒的风险。3种药剂都具有一定毒性，如果发生误食或者污染食品、饮用水，会导致人体中毒。运输、贮存和分销时，不得与食品、饮料、粮食、种子等其他商品同贮同运，要置于儿童接触不到的地方，并加锁保存。

（3）失效的风险。农药受潮或遭受日晒会失效，因此，贮运环境应保持阴凉干燥。毒饵中含有的油性引诱物易于变质腐败。农药包装打开后，如果其中的毒饵不能在较短时间内用完，它们可能会很快失效。

2. **防范措施**　为有效防范上述风险，保证各项安全措施得到落实，应在农药运输、贮存和分销过程中采取以下措施。

（1）实行药剂招标采购，对供货商资质和运输条件提出明确要求，杜绝农药运输过程中的安全隐患。

（2）实行药剂集中发运，要求供货商将各个示范区一年所需药剂一次性直接运输到项目县，减少转运、分卸带来的安全隐患。

（3）强化药剂安全贮存，在选定示范区时将农药安全贮存作为一项条件，要求项目县植保植检站必须有合格的农药贮存仓库。

（4）及时用完农药，应向施药人员明确传递有关农药失效风险的信息，敦促他们认真做好用药计划，确保包装打开后在合理的时间期限内用完。如果有部分农药未能用完，只能保留

较短时间，并且要密封好。

（三）农药风险控制措施的普及与推广

除确保示范区点上用药安全外，项目要致力于通过普及和推广农药风险控制措施来提高安全用药水平。当前，我国红火蚁防控药剂以政府配发为主，具体负责发放药剂的一般是基层政府工作人员和村组负责人。他们有机会直接面对农药终端使用者。如能将农药发放的过程转变为防控知识传播的过程，则可以很好地应对农药使用中可能引起的各种风险。因此，在风险控制链条上，要加强对基层政府工作人员和村组负责人的培训，确保农药安全使用。

四、检疫控制

在示范区内，要严格开展针对红火蚁的检疫监管和控制，以降低红火蚁传播扩散风险、减轻危害程度。检疫控制可分为产地检疫、调运检疫和检疫除害三个方面。

（一）产地检疫

在苗木、花卉、草皮等应检物生长期间定期对其及周边环境进行检疫。观察应检物上是否有疑似红火蚁，检查应检物生长的土壤或介质中有无疑似红火蚁、蚁道或蚁巢。调查生产场地周围环境尤其是荒草地、农田、堤坝、路边、河边、草坪、公园、学校、庭院及垃圾堆等，观察是否有疑似红火蚁、蚁道、蚁巢。如发现蚁道，可拨开蚁道收集蚂蚁或者沿蚁道方向寻找到蚁巢后用小铲挖开蚁巢收集蚂蚁。必要时可使用诱饵诱集（按照疫情监测中工蚁诱集方法）。将诱饵放置在生产场所或者检疫物品表面，30分钟后检查诱饵上是否有疑似红火蚁。

（二）调运检疫

在苗木、花卉、草皮等应检物调运前，对其及其携带的土壤或介质、包装材料、运载工具等实施检疫，检疫合格后方可从疫情发生区调出。首先，观察应检物品表面有无红火蚁活动痕迹、土壤或介质中有无疑似红火蚁，然后，观察枝干、叶片是否有疑似红火蚁，发现可疑现象可用小铲挖开土壤或介质观察是否有疑似红火蚁。针对包装材料等其他物品，应观察运载工具及物品表面是否有疑似红火蚁及其活动痕迹，发现蚁道可沿蚁道方向寻找疑似红火蚁或蚁巢，对可疑物品应拆开进行检查。必要时可使用诱饵诱集：每10米^{2}面积、每立方米体积或者每吨应检物设置一个诱饵，30分钟后检查诱饵上是否有红火蚁。

（三）检疫除害

对确需调出示范区的苗木、花卉、草皮、生产用土壤或介质等物品均须使用触杀作用强的药剂（如氯菊酯、溴氰菊酯、氯氰菊酯、氰戊菊酯等）进行浸渍或灌注处理。浸渍或灌注时，其栽培土壤或栽培介质均须完全湿润；如果是盆栽，也可以均匀施放毒死蜱颗粒剂、氰戊菊酯颗粒剂、二嗪磷颗粒剂等药剂于栽培介质内（施药剂量占栽培介质的0.001%～0.002 5%），施用后须洒水彻底浇透。垃圾、肥料、土壤等物品调出前施放毒死蜱颗粒剂、氰戊菊酯颗粒剂、二嗪磷颗粒剂等药剂（施药剂量占0.001%～0.0025%），施用后搅拌均匀，洒水彻底浇透。

五、效果评估

各示范区红火蚁的防控效果根据发生分布范围调查、活蚁巢密度（数量）调查、工蚁密度调查和危害程度调查结果进行综合评价。施药前1～2天调查一次基数，包括活蚁巢数（密度）和诱集到的工蚁数量，茚虫威饵剂、高效氯氰菊酯粉剂施用后15天调查一次，氟蚁腙饵剂使用1个月后调查一次。每个生境类型调查3个点以上，每个点面积不小于2000米²，将结果填入相应的调查统计表（表6-6和表6-7）。

依照《农药 田间药效试验准则（二）第149部分：杀虫剂防治红火蚁》（GB/T 17980.149—2009）标准中"药效计算方法"，根据防控前后活蚁巢密度（数量）和工蚁数量（密度）调查结果，计算活蚁巢防治效果、工蚁防治效果。防治效果具体计算方法如下：

$$活蚁巢防治效果 = （1 - \frac{N_0 \times N_{Ti}}{N_{0i} \times N_{T0}}）\times 100\%$$

式中：

N_0 —— 药前对照区活蚁巢数；

N_{0i} —— 药后对照区活蚁巢数；

N_{T0} —— 药前处理区活蚁巢数；

N_{Ti} —— 药后处理区活蚁巢数。

$$工蚁防治效果 = （1 - \frac{W_0 \times W_{Ti}}{W_{0i} \times W_{T0}}）\times 100\%$$

式中：

W_0——药前对照区监测瓶中平均工蚁数；

W_{0i}——药后对照区监测瓶中平均工蚁数；

W_{T0}——药前处理区监测瓶中平均工蚁数；

W_{Ti}——药后处理区监测瓶中平均工蚁数。

防治效果达到95%及以上的为优秀，85%～94%为良好，70%～84%为中等，70%以下为差。

结合防治效果、发生分布范围调查和危害程度调查结果，按照疫情发生危害程度，将示范区控害水平分为3个水平。

（1）未控制危害水平。防治效果为中等或差的、发生分布范围扩大或危害程度加重的，则该示范区属于未控制危害水平。

（2）基本控制危害水平。防治效果为良好的、发生分布范围未扩大或危害程度未加重的，则该示范区达到控制危害水平。

（3）较好控制危害水平。防治效果为优秀的、发生分布范围较少或危害程度减轻的，则该示范区达到较好控制危害水平。

表6-6 活蚁巢防治效果调查统计表

调查时间： 调查地点： 调查人：

调查区域／环境类型	调查点号	药前活蚁巢基数（个）	药后调查		
			活蚁巢数（个）	防治效果（%）	平均防治效果（%）
	1				
	2				
	3				

表6-7　工蚁防治效果调查统计表

调查时间：　　　　　　　调查地点：　　　　　　　调查人：

调查区域／环境类型	调查点号	药前工蚁数量（头／诱饵）*	药后调查		
			工蚁数（头／诱饵）*	防治效果（%）	平均防治效果（%）
	1				
	2				
	3				

*每个调查点放置10个及以上诱饵，这里记录的是每个点所有诱饵诱集的工蚁数量的平均数。

图书在版编目（CIP）数据

红火蚁防控手册/冯晓东，孙阳昭，陆永跃主编
．—北京：中国农业出版社，2020.7（2021.5重印）
ISBN 978-7-109-26861-6

Ⅰ.①红…　Ⅱ.①冯…②孙…③陆…　Ⅲ.①红蚁-
防治-手册　Ⅳ.①Q969.554.2-62

中国版本图书馆CIP数据核字（2020）第084370号

中国农业出版社出版
地址：北京市朝阳区麦子店街18号楼
邮编：100125
责任编辑：阎莎莎　王庆敏
版式设计：王　晨　责任校对：范　琳
印刷：中农印务有限公司
版次：2020年7月第1版
印次：2021年5月北京第2次印刷
发行：新华书店北京发行所
开本：880mm×1230mm　1/32
印张：3.25
字数：70千字
定价：29.00元
